U0298312

创新工场
讲AI课

从知识到实践

创新工场DeeCamp组委会◎著

电子工业出版社
Publishing House of Electronics Industry
北京•BEIJING

内 容 简 介

创新工场于 2017 年发起了面向高校在校生的 DeeCamp 人工智能训练营（简称 DeeCamp 训练营），训练营内容涵盖学术界与产业界领军人物带来的全新 AI 知识体系和来自产业界的真实实践课题，旨在提升高校 AI 人才在行业应用中的实践能力，以及推进产学研深度结合。

本书以近两年 DeeCamp 训练营培训内容为基础，精选部分导师的授课课程及有代表性的学员参赛项目，以文字形式再现训练营"知识课程+产业实战"的教学模式和内容。全书共分为 9 章，第 1 章、第 2 章分别介绍 AI 赋能时代的创业、AI 的产品化和工程化挑战；第 3 章至第 8 章聚焦于 AI 理论与产业实践的结合，内容涵盖机器学习、自然语言处理、计算机视觉、深度学习模型的压缩与加速等；第 9 章介绍了 4 个优秀实践课题，涉及自然语言处理和计算机视觉两个方向。

本书适合 AI 相关专业的高校在校生及 AI 行业的工程师使用，可作为他们了解 AI 产业和开拓视野的读物。

图书在版编目（CIP）数据

创新工场讲 AI 课：从知识到实践/创新工场 DeeCamp 组委会著. —北京：电子工业出版社，2021.5
ISBN 978-7-121-40845-8

Ⅰ. ①创… Ⅱ. ①创… Ⅲ. ①人工智能 Ⅳ. ①TP18

中国版本图书馆 CIP 数据核字（2021）第 053169 号

责任编辑：滕亚帆
印　　刷：三河市鑫金马印装有限公司
装　　订：三河市鑫金马印装有限公司
出版发行：电子工业出版社
　　　　　北京市海淀区万寿路 173 信箱　　　邮编：100036
开　　本：720×1000　　1/16　　印张：18　　字数：342 千字　　插页：4
版　　次：2021 年 5 月第 1 版
印　　次：2021 年 5 月第 1 次印刷
定　　价：89.00 元

凡所购买电子工业出版社图书有缺损问题，请向购买书店调换。若书店售缺，请与本社发行部联系，联系及邮购电话：(010) 88254888，88258888。
质量投诉请发邮件至 zlts@phei.com.cn，盗版侵权举报请发邮件至 dbqq@phei.com.cn。
本书咨询联系方式：010-51260888-819，faq@phei.com.cn。

推荐语

人工智能是第四次工业革命的技术基石，许多产业将被它改变，它也将带来许多新的产业——自动驾驶、工业互联网、AI 医疗……我希望年轻的工程师们以饱满的精神迎接这样一个充满挑战的未来，我相信这本书能帮你做好准备。

—— 张亚勤 清华大学智能科学讲席教授、智能产业研究院院长

什么是学习 AI 的最佳途径呢？我认为，如果有一个能够让学生体会到"耳到、眼到、口到、手到、心到"的学习环境无疑是最好的，而仅凭大学课堂很难做到这一点。

创新工场的 DeeCamp 训练营恰恰提供了这样一个环境——在短短几周时间里，学生通过大师讲座（耳到）、参观黑科技（眼到）、互相交流（口到）和编程实现（手到），体会到 AI 系统设计理念和创新思维（心到），从而激发了对 AI 的兴趣，走进了 AI 的殿堂。每一位学生都加入了一个小组，与队友合作，针对

引人入胜的实际场景，把自己所学的知识融会贯通，把自己和队友的能力串联起来，看到项目一天天长大，从最初的一个好奇的想法落地成一个真正动起来的系统，每一刻都有豁然开朗之体味。这真是一个奇幻之旅。

——周明 创新工场首席科学家、微软亚洲研究院前副院长

创新工场的 DeeCamp 训练营邀请了名师授课，在人工智能关键技术、工程实践、产品研发、创业转化方面都有涉及，对创新创业人工智能人才培养颇有裨益。诸多培训内容汇入本书，值得感兴趣的读者一读。

——周志华 南京大学教授、欧洲科学院外籍院士

学会用 AI 解决真实世界的问题

创新工场于 2017 年开始举办的 DeeCamp 人工智能训练营（简称 DeeCamp 训练营），经过几年的积累和发展，已成为中国乃至全球最有特色也最有影响力的大学生科技训练营之一。DeeCamp 训练营行之有效的方法论、知识体系、课程内容、实践课题，值得每一个即将或已经投身于人工智能领域的大学生、工程师、科研人员乃至产品经理认真学习。

人工智能是新一代产业革命的核心驱动技术，必将在未来的几十年里对人类各产业领域、各商业形态乃至个人生活的方方面面产生深远影响。但正如历史上每一次重大产业革命的早期进程一样，人工智能技术从稚嫩走向成熟、从科研实验室走向现实世界的过程也必然充满波折与挑战。今天的人工智能从业者普遍存在着科研属性重于工程与商业属性、对商业场景和市场需求缺乏了解、对技术与商业结合的本质问题缺乏深入思考、轻视或忽视产业基本规律等问题。例如，近年来一些曾经的明星 AI 团队，虽科研能力与技术出色，却始终难以解决产业中的真实问题，最终不得不走向失败的结局。

如何在 30 天左右的时间里，培养出擅长解决真实世界问题的 AI 中坚力量？

DeeCamp 训练营用系统的方法论和出色的训练成绩给出了最好的答案。对参加过 DeeCamp 训练营的历届营员们来说，他们中的许多人都进入了世界顶级科技企业，用自己积累的对人工智能科技与商业化规律的正确认知，解决了各行各业的真实问题——他们正在从事的，不就是用人工智能等前沿科技来推动产业变革，以此改变世界的伟大事业吗？！

我认为，DeeCamp 训练营最成功的经验主要有四点。

第一，学术大师与产业界领军人物梳理的人工智能知识体系。

掌握知识和理解知识背后的深层规律是两件完全不同的事。高屋建瓴的大师级人物善于描绘出那些只有站在学术或技术顶峰才能看到的最透彻、最立体的图景。DeeCamp 训练营每年都会邀请科研领域的大师和产业界领军人物，如图灵奖得主 John Hopcroft，人工智能领域世界级专家吴恩达、周志华、张潼，人工智能产业界领军人物孙剑、何晓飞，资深计算机科学教育家俞勇等为营员们授课。我自己也曾多次为营员们讲授科研、产业与商业间的规律。这些课程往往能给营员们带来更有助于理解知识体系的全新视角和方法论，让他们的学习方式在短时间内从一招一式的"点滴型学习"转变为能够博取百家、融会贯通的"系统型学习"。

第二，从学科知识过渡到工程实践的课程设计。

人工智能领域世界级专家周志华和张潼亲自担任 DeeCamp 训练营的课程设计顾问，他们和创新工场人工智能工程院的资深科学家、工程师一起，为 DeeCamp 训练营设计了强调应用场景与产业实践、重视市场与产品规律的完整课程体系，并围绕机器学习、深度学习、强化学习、迁移学习、计算机视觉、自然语言处理、自动驾驶、大数据等理论与实践的真实需要，丰富课程内容，开创了从学科知识过渡到工程实践的最佳学习路径。

第三，来自产业界的真实实践课题和训练数据。

每一位 DeeCamp 训练营的营员都有机会亲自尝试并解决来自各个产业界最具代表性的企业的真实问题，在合作企业提供的真实数据基础上完成机器学习模型的构建。真实场景和真实数据对于绝大多数在校学生，或者较少接触真实商业项目的研究员和工程师来说，都是不可多得的实践素材。对于每年 DeeCamp 训练营的每一个实践课题，营员们都会创造出让合作企业和产业导师眼前一亮的出色成果。

第四，发掘营员自主能力和自身潜力。

DeeCamp 训练营给营员们提供了一个发掘潜力、展示自己的大舞台。营员们从第一天起就组成实践小组，自我组织和管理。他们像参加或运营一个创业团队一样，做好团队内部分工和项目计划，并在进展过程中不断评估团队效能、修正问题，以期在最终的结营展示环节获得好成绩。营员们还自发组织学习交流和知识分享，这实际上是营员们锻炼自主能力、提升综合素质的最好机会。

我非常高兴地看到，DeeCamp 训练营的成功培训经验、方法论、课程体系、部分实践课题可以出版成书。以前 DeeCamp 训练营只能通过 4～8 周的培训，帮助数十位或数百位营员提升素质与技能。现在，这本书的出版可以让成千上万名有志于人工智能工程实践和商业落地的学生、研究员、工程师、产品经理受益。希望大家喜欢这本书！

最后，特别感谢将课程内容授权给本书的所有 DeeCamp 训练营讲师，感谢将真实案例授权给本书的合作企业，感谢为本书的出版付出辛勤劳动的创新工场 DeeCamp 训练营运营团队，感谢电子工业出版社博文视点的编辑人员，也感谢所有为本书的编写提供过指导意见或参与过本书文字校阅的朋友！

读者服务

微信扫码回复：40845

- 加入本书读者交流群，与更多读者互动

- 获取各种共享文档、线上直播、技术分享等免费资源

- 获取博文视点学院在线课程、电子书 20 元代金券

目录

第 1 章

AI 赋能时代的创业

李开复

创新工场董事长兼 CEO

近几年，有很多面临毕业的大学生会向我咨询创业方面的问题，例如"我毕业以后想创业或者想加入创业公司，有什么样的建议？"基于大家对未来的职业选择和规划上的困惑，我试图通过对 AI（Artificial Intelligence，人工智能）技术的发展现状和未来前景的介绍，给大家答疑解惑。

创新工场 DeeCamp 人工智能训练营（简称 DeeCamp 训练营）是一个向全球大学生开放的公益项目，训练营的授课导师里不乏 AI 学术界的大师。在全中国乃至全世界的 VC（Venture Capital，风险投资）公司里，创新工场可能是人工智能产业链布局最完整的一家公司——我们投资了近 50 家人工智能企业，其中培养出了 7 家"独角兽"企业。因此，在本章我主要介绍"AI 创业"这一主题。

本章共分为 4 部分。首先介绍的是中国 AI 崛起的过程以及我对中国 AI 发展的信心，我坚信，中国在未来会成为 AI 最强的国家之一；其次，我想和大家谈谈近年来 AI 的一大转变——从"发明期"到"应用期"；接下来介绍的是在应用期里，AI 赋能时代创业的特点——这个时期 AI 仍会带来很多机会，但是与之前相比已经大为不同；最后一部分是我给大家的一些建议，尤其适用于 AI、计算机等专业的学生，即毕业之后何去何从、是否有创业机会或参与创业的机会，以及该怎么做。

1.1 中国 AI 如何弯道超车

中国为什么能成为 AI 超级大国呢？

今天，我们为中国在 AI 领域的地位感到自豪，中国已经成为除美国之外在 AI 领域研究最强和发展最快的国家。但这样的成就，在 10 年前甚至 5 年前，是不会有人能做出这样的预测的，包括我们自己。在过去 5 年时间里，我们不断地为 AI 的"中国速度"感到惊讶，现在回过头去看"为什么"，我总结了几个主要促进因素。

　　第一，中国有大批优秀的年轻 AI 工程师。虽然美国和加拿大是孕育 AI 大师的沃土——这两个国家赢得了几乎所有的图灵奖，但如果我们把目光放到中青代 AI 科学家身上，就会发现无论是在高校还是在企业，近年来中国优秀 AI 人才数量的增长速度非常快。图 1.1.1 是 Allen Institute 做过的一个关于中美两国 AI 领域高引用量论文情况的对比图。可以看到，2019 年中国冲进全球论文引用量前 50%的论文数量已经与美国持平（图 1.1.1（a））；2020 年，两国在全球论文引用量前 10%的论文数量上也旗鼓相当（图 1.1.1（b））；Allen Institute 预测，到 2025 年中国将在全球论文引用量前 1%的论文数量上超过美国（图 1.1.1（c））。

　　虽然，中国在 AI 领域获得图灵奖级别的大师不多，但是在这个级别之下的 AI 科研人才储备方面，中国与美国的差距不大，这个现状在很大程度上源于当下中国的年轻人对科研、AI 的兴趣，比如越来越多的在校大学生关注创新工场举办的 DeeCamp 训练营，我个人在高校里做过的关于 AI 科研的演讲也很受大学生们的欢迎，从中我们可以看到年轻一代对 AI 技术的热情与探索精神。

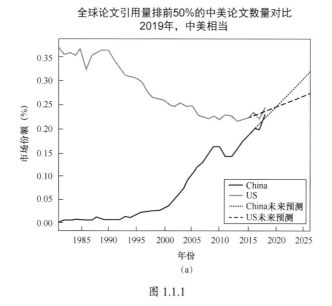

图 1.1.1

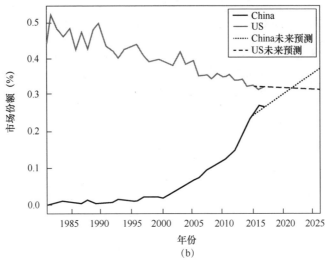

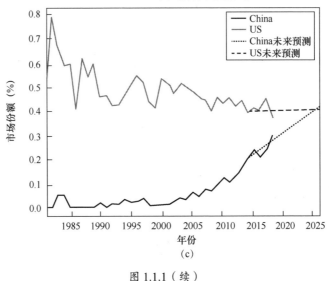

图 1.1.1（续）

第二，中国有众多坚韧、顽强的企业家。无论是中国还是美国，AI 的"第一枪"都是在互联网领域打响的，从 Google、Facebook、Amazon 到腾讯和阿里巴巴（简称阿里），实力最强的 AI 公司都是互联网公司。原因很简单——互联网公司一旦崛起，可以依托海量数据发展 AI 技术，这是最低垂的果实——把 AI 和数据转换成商业价值。中国创业环境的形成也不过 10 年时间，整体环境跟美国不一样。美国创业者是绅士型创业思维，有人做 Yelp，那么 OpenTable 或者 Groupon 这样的企业就会随之出现，大家既合作也竞争。但在中国，创业者可能更偏向"赢家通吃"的思维，这与 Groupon、GrubHub、Yelp、DoorDash 这些公司各司其职，更专注于一个业务服务不同。美团，作为一家非常年轻的互联网企业，仅用了 7 年时间就达到 1000 多亿美元的市值。只要跟"吃"有关的事情它都做，美团有着改变中国人饮食习惯的雄心。发展速度如此迅猛的企业一旦建立了很高的竞争壁垒后，它会产生海量数据，能进一步推动 AI 发展，带来更高效率。中国的创业者非常拼搏、非常努力、非常投入，更有建立非常深的"护城河"的雄心，美国创业者则缺乏这样的思维。

第三，产品创新有望输出海外。中国的互联网企业，早期采用的是"借鉴海外"的模式，也有人说是"Copy To China"模式（图 1.1.2）。在那之后，互联网企业开始慢慢地微创新，而现在，在本土化和微创新的基础上，部分顶尖互联网企业已经找到了自己的创新迭代打法。以今日头条、抖音、VIPKID、快手、拼多多等公司为例，它们的产品已经不再参考美国同行产品；相反，现如今却是这些公司的产品被全球互联网公司当作学习对象。中国企业在商业创新和创造价值方面已经跑在世界前列。

图 1.1.2

在中国，创业者这种建立"最深护城河"的创业思维与美国硅谷精神下的"创"是不一样的，因而两国互联网企业在产品形态和用户体验方面也截然不同，很难说谁更强，只能说是两种不同的模式。有美国人说，中国的创新是有限的，因为他们认为中国市场不欢迎外国公司，以致本土公司有足够大的市场；还有人批判，中国公司只能在中国成功，因为它们还不够创新。对此，我特意找来一些美国的研究报告，图 1.1.3 是来自 Paulson Institute 的新研究。可以看到，在 2015 年至 2019 年五年间，中国软件产品在国际新兴市场的份额是快速提升的，这证明了中国软件是有创新的，是适合新市场的，是能够走出去的，也是有竞争力的。

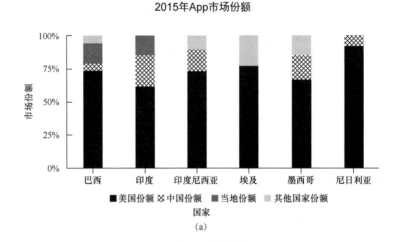

(a)

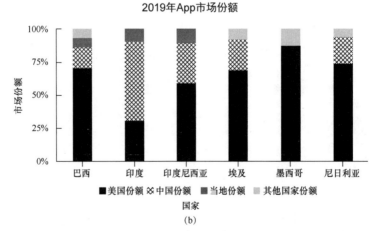

(b)

图 1.1.3

第四，高度互联网化产生的海量数据优势。当产品成功了以后，企业可以通过产品获得海量数据，有了更多数据，企业就有能力把 AI 做得更好，从而提供更好的用户体验，带来更多用户，获得更多收入，之后企业可以雇更多科学家，买更多设备，再收集更多数据（图 1.1.4）。在这样的良性循环之下，产品和技术就会越来越强。

图 1.1.4

在很多高校里与 AI 有关的课程比较偏重学生对于算法的学习。现在一些新算法，比如强化学习、迁移学习等，可以依托少量数据来做分析研究，但在真正的商业竞争环境下，我们发现其实数据是最重要的。当你面临一个选择——是拥有更多高质量的数据，还是找一个 AI 专家帮你优化系统时，在大部分情况下，数据带来的效果提升要比一个专家更有效，这也是中国 AI 技术发展成功的重要原因。如果每一个与 AI 有关的问题都需要一个像 Geoffrey Hinton 这样的专家来调参数，那么中国 AI 技术肯定发展不过美国和加拿大。正因为拥有海量精确的数据以及其带来的良性循环，中国互联网公司很快赶上了美国。就移动互联网的用户规模和支付的规模来说，中国都是高于美国三倍和百倍的。在这个"数据为王"的 AI 时代，数据就是石油，就是能量。所以，当今中国相当于是数据的 OPEC（Organization of the Petroleum Exporting Countries，石油输出国组织）。

除了上述四点，我们也看到中国风险投资者非常认可 AI，而有了投资才能助力创业，才能够产生价值。

第五，利于技术发展的政策。最近我们常听到"新基建"这个词，所谓新基建是指新型基础设施建设，新基建不是一家私人企业可以独立承担完成的，即便是像 Google、腾讯这样的超级大公司也不可能完整地铺设 5G 网络来解决世界数据中心和云问题，我们很期待政府在其中发挥统筹全局的主导作用，并且企业端在政府部门的引导下进行补强。

一个可以佐证的事实是，新基建在完善后所发挥的功用能很好地带动相关产业的发展。中国的移动互联网之所以能发展得这么好，在很大程度上我们要感谢政府在 3G、4G 网络建设上的投入，即使在一些比较偏远的地区，网络信号都能得到很好的覆盖。快手平台的崛起就是从四五线城市开始的，而类似这种发展路径的公司在美国就很难找到——在美国中西部经济落后的地区，网络覆盖点并不像中国这么普及，这就是新基建对产业发展的重要作用。另外一些新的技术应用也面临着同样的差异，就无人驾驶技术来说，欧美道路一成不变，无人驾驶技术只能适应现有的道路。但在中国，我们可以考虑打造一条有传感器的无人驾驶专属高速公路，甚至建设一个"人车分流"的新城市，这样可以有效避免汽车撞人的事故发生。在新基建的赋能和加持下，中国无人驾驶技术在满足汽车能够上路的安全度时可以率先落地，而一旦能上路，企业就能积累数据，从而建立起正反馈机制。

相比于其他国家，中国政府看得更长远，看到了新基建对新科技的刺激作用可以带来 AI 在应用层面的井喷。从长期来看，这是非常明智的。今天，中国 AI 的高速发展，在很大程度上要归功于政府在各方面的支持。

我个人对中国的 AI 发展是非常乐观的，我在之前的《AI·未来》一书中预测了中国会在互联网、商业、感知、自动化四个不同的 AI 方向慢慢赶上美国。如图 1.1.5 所示，2018 年，我们认为中国的互联网 AI 在应用上已经发展得和美国一样好了，但在商业 AI 方面还有一定的差距，比如很多企业级的软件还没有像美国那样得到普遍应用，而如果没有企业级的软件应用，企业就很难把数据库做好；同样的差异也体现在云数据应用上，所以中国的商业 AI 还需要一段时间才能赶上美国。感知 AI 体现在计算机视觉和自然语言方面，虽然这些技术是美国人发明的，但由于中国的用户基数大、应用场景多，所以数据也更多，现在国内很多计算机视觉公司的数据量和迭代速度都已经超过了美国的同类公司，因而我们相信，未来这样的差距会变得更大。在自动化 AI 领域，也就是机器人和无人驾驶领域，美国还在领跑，但是我预测中国在不久的将来就能赶上美国，因为中国有来自政府的支持和利好的政策，有更多配套道路能让无人车更快上路，而美国的无人驾驶技术仍面临着很多挑战。

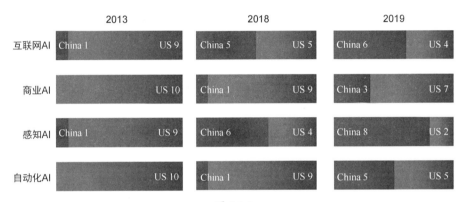

图 1.1.5

1.2　AI 从"发明期"进入"应用期"

AI 从诞生至今约 70 年的时间，而前 60 年 AI 基本都处于发明期，一直在上下而求索。包括当年我自己的论文，当时我认为论文还不错，后来发现难以实现技术从"不可用"到"可用"的转化，因为论文更注重的是谁做的技术是最新的，但在应用阶段最重要的问题是让用户愿意为之付费。当某一项技术可以促使一个重要且值得付费的应用得到价值回报时，那么它才算是进入应用期。

1.2.1　深度学习助推 AI 进入"应用期"

深度学习就是进入应用期的技术，无论是语音识别还是人脸识别。它可以将不可用、不能接受、不愿付费的科技成果变成可用、能接受、愿意付费的产品；它可以把某些只能在狭窄领域使用的应用变成可以普遍使用的应用。从 ResNet（残差网络）、迁移学习到 Transformer，它们都是重要的科技进步，但是真正打通从"不可用"到"可用"的还是深度学习，其他技术是在深度学习的基础之上发展出来的，是一种锦上添花的附加作用。深度学习在很多不同场景下创造了商业价值，大大推进了 AI 发展的进程。从这个角度来说，深度学习是 AI 领域最伟大的发明，AI 由此从"发明期"步入"应用期"，深度学习也造就了今天 AI 从"发明期"走向了遍地开花的"应用期"（图 1.2.1）。

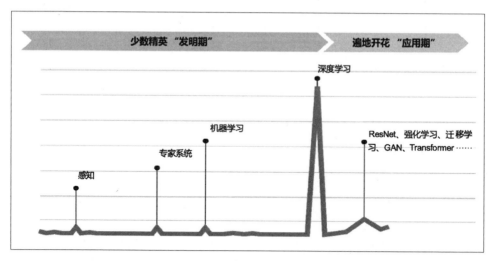

图 1.2.1

早在 30 年前，深度学习技术理论就已经被发明，Geoffrey Hinton 的一些重要论文也于过去 10 年间相继发表。但是深度学习从技术的积累、迭代到普及还是花了一定的时间，深度学习真正地被广泛应用却是近 5 年的事情。未来我们仍会发明新技术，但我个人认为在 AI 领域很难再有能比肩深度学习的重大技术突破了。

　　发明期和应用期有什么差别呢？在发明期，个人的发明能力可以占据足够竞争优势，实现别人不能做的事，它给了你 3～5 年的领跑机会。但是在应用期竞争相对扁平，比如 Transformer 模型从诞生到商业的普遍应用只用了 2 年时间。所以在未来，我认为很难再期待类似旷视科技、商汤科技这样的"黑科技"公司可以大批量的诞生。这些"黑科技"公司之所以能够在业内领跑，是因为它们有大批博士或拥有某一种技术所带来的长期优势，而以后创业公司的成败将更多取决于其能创造的 AI 应用和商业价值。我个人非常幸运，在 AI 的发明期与一批中国 AI 领域里资深、优秀的人在微软亚洲研究院（前身为微软中国研究院）共事，当时的这批人里有很多已经成为各个顶级公司的 CTO（首席技术官），也有一批成了少壮派创业者，他们的成功不可不说是得益于发明期技术优势带来的巨大红利。

　　然而，当 AI 迈入应用期，情况就大为不同。该时期面临的问题不是如何发明新技术，而是怎样让 AI 渗透到更多产业中——从医疗、教育、制造业再到零售，AI 在很多行业的渗透率是比较低的，目前 AI 在传统行业的渗透率只有 4%[1]。导致这一现状的部分原因是，一方面，这些行业中的很多公司负责人并不了解 AI 能做什么，也没有看到 AI 能为自己的公司创造多大的价值；另一方面，即使他们看到了 AI 的价值，也未必能招聘到优秀的 AI 工程师或科学家。

1.2.2　To B 创业迎来黄金发展期

　　过去 10 年，最大的创业机会及消费互联网的机会主要是以 To C（To Customer，对消费者）业务为引擎的，如小米、美团、今日头条、腾讯、阿里等互联网公司都以 To C 业务推动公司的高速发展，以此创造了巨大价值。今天，全球的互联网公司版图还是中美两国各占半壁江山的状态，头部互联网公司都在

---

1. 数据来源：中国通信院联合 Gartner 发布的《2018 世界人工智能产业发展蓝皮书》。

朝着万亿美元的估值/市值目标冲刺。我们认为，To C 业务公司出现爆发性增长的机会仍然存在，只是没有像以前一样俯拾皆是，理由很简单——人口红利最大化的时机已经过去。在过去 11 年时间里，移动互联网的用户量从千万增长了数十倍，现今几乎每人都拥有一部或者两部手机，并且在这个万物互联的时代，我们的整个 To C 上网的数字已经接近饱和。

相对于 To C 业务公司，现今更大的创业机会反而是以 To B（To Business，对企业）业务为主的公司。如果说以 To C 业务为主的公司是以移动互联网为平台的，那么以 To B 为主的公司就是用自动化、AI 等平台化技术来帮助中国的传统行业做转型升级，以此提升效率、降低成本。

事实上，中国很大一部分 GDP 仍然是由传统行业生产创造的。在如此大的基数下，做新的 To B 业务，并帮助这些传统行业实现转型升级应该会是一个更大的机会，这其中包括企业服务、供应链、物流、医疗、农业、零售等多个领域——用 AI、自动化、大数据等新技术为 To B 公司注入新血液，一起创造更大的价值。

所以我认为，AI 进入应用期，最大的机会应该是在传统行业中大幅度提升 AI 的渗透率。之所以这样说，一是考虑到在传统行业里，头部公司可能意味着每年有几千亿元的收入，哪怕 AI 能使这一收入提升 1%，那么也是巨大的价值；二是考虑 AI 技术已经越来越普及，AI 人才的供给越来越多：在十年前可能只有 100 个 AI 人才能够成立 AI 公司，这个数字在 5 年前可能上千了，而到今天可能已经有百万甚至更多。这百万人未必都是写论文的 AI 专家，但一定懂得如何将 AI 应用落地，他们知道如何了解产业的痛点、用户的需求，怎么创造价值、怎么赚钱，只有这样的人才能把 AI 的价值带到产业中。

今天，AI 技术壁垒在逐渐下降，而传统行业经过几十年甚至上百年的发展，行业积淀深，壁垒依然很高，AI 难以将其轻易颠覆。因此，无论是零售行业、制造行业还是医疗行业，传统企业的领导者了解和掌握 AI 工具，或者雇一批懂 AI 的人才来赋能升级现有业务，这比让一批懂 AI 的人学会并精通这些传统行业的业务，然后成功颠覆它的难度要小很多，所以整个创业的逻辑会改变。当然少数领域可能仍会出现颠覆机会，比如在制造新型医药方面。但是我认为不会再有过去那样单凭稀缺性的 AI 专家就能彻底颠覆一个行业的机会出现了。

所以，我认为，To B 创业的黄金时代即将来临。

第一个理由是，技术的基础设施时代已来。依然记得在十几年前，所谓的 To B 软件还是在公司机房里装一个 IBM、SAP、微软等公司的产品；但是在 5 年前，云时代来临了，更多的大数据上传到云端，而这些数据能产生各种价值，在合法合规的情况下可以带来很多的机会。尤其在新基建的东风下，我们更有信心，不局限于在企业内部机房装一些软件，而是可以一步到位让公司云端化、IT 化、数据化和 AI 化。

与此同时，中国有了弯道超车的机会。当整个市场是静态的时候，如果一切都像 20 年前美国的 IBM、微软、SAP 等公司称霸的那个时代且一成不变的话，中国的公司很难打败它们。但是如今，数据开始云端化，开始有 SaaS（Software-as-a-Service，软件即服务）软件，开始有 AI 的提升价值，这些技术发展带来的变化会让因循守旧的 To B 巨头措手不及，而中国对新技术的拥抱又特别迅速，所以我们通过后发优势来弥补差距并实现超越是极有可能的。

第二个理由是，今天的社会生活和整个工作形态都在发生着变革和升级。在国内，美团 APP 的前端做得非常先进，那么后端供应链和物流等方面的能力提升同样十分重要，所以企业需要以最先进的 C 端拉动相对落后的后台 B 端的成长。另外，一个行业现状也在发生着改变，过去很多传统行业的公司负责人很难弄明白 IT 部门谈论的业务逻辑，而如今的企业领导者十分关注数字预测的结果，或者有关人事的数据、图表，而这样的工作需要花费整个部门两三天甚至更多的时间，他们的效率已经开始跟不上老板的需求。今天，一个很直观的体验是，在我们的手机上，To C 软件的体验度往往优于 To B 软件，当然，有差距就有追赶提升的机会。

新冠肺炎疫情的全球性爆发是人类巨大的灾难，它导致全球众多感染人员死亡，让社会发展陷入困境，但就科技发展而言，它也大大加速了社会数字化、自动化、AI 化，有力推进了 AI 的普及和应用。公司员工、学校学生在疫情期间都被要求待在家里进行远程工作、学习，这表示着整个工作空间和范畴从物理世界变到了虚拟世界，变得数字化了，这带来了 To B 软件巨大的发展空间。过去很多传统公司员工要到岗上班，以口头交流、批公文、开会、写记录等形式完成工作，甚至大部分是用纸和笔来进行的，而远程办公的普及使得整个流程变得数字化。在这样的数字化基础上，我们既可以考虑哪些工作是重复性的且可以由 AI 来完成的，同时也可以使用 AI 来优化整个工作流程。在线教育、零售、仓储、医药研发和诊断等行业都在发生着类似变化。

1.2.3 "传统产业+AI" 将创造巨大价值

如图 1.2.2 所示，回顾近年来 AI 发展历程——从 AI "黑科技" 发明期，进入 B2B（Business-to-Business，企业对企业）产品期，现在已进入 AI 赋能期，未来 AI 将会无所不在，赋能各行各业。在 AI "黑科技" 发明期，一批技术牛人可以创造一家技术领先的公司，而具体做什么行业、做出什么产品并没有那么重要，只要有核心技术，就可以水到渠成。在 B2B 产品期，很多公司在拥有技术的基础上还要深挖一个行业的应用，在深挖行业之后就有希望做出一个标准化的产品来卖给多个公司，比如 AI 在银行业和零售业的应用等。在 AI 赋能期，每家公司都能用上 AI，这个时期与 B2B 产品期的区别是，AI 不再标准化，毕竟每家公司所使用的数据格式、工作流程、目标需求都不太一样，所以相比于 B2B 的标准软件，"传统产业+AI" 的定制化落地会在未来具有更好的发展前景。未来几年将是 "传统产业+AI" 的蓬勃发展期，所以很多公司特别需要了解的就是怎样让 AI 产生附加价值，真正满足行业的需求。

根据普华永道的预测，未来 10 年里，AI 将为世界创造 15.7 万亿美元（约 100 万亿元）的 GDP，其中中国 GDP 的提升是最大的，达 7 万亿美元。注意，15.7 万亿美元并非都来自 AI "独角兽" 公司，而是来自信息通信、制造业、金融服务、批发零售、运输存储等传统行业的升级转型。这些传统行业自身体量很大，如果 AI 能够使它们降低各方面的成本并提高效率，哪怕只有 10%、5%，甚至 1%，由于基数庞大，未来带来的价值也会很高。

	2012 AI"黑科技"发明期	2017 AI B2B产品期	2020 AI 赋能期	2025 AI 无处不在
AI工程师需求	1 000人	100 000人	1 000 000人	超过10 000 000人
AI开发难易程度	不可能的任务	困难	略懂AI的工程师	大多数工程师
CEO	有经验的博士	CEO = 商业 + CTO = 科技	传统公司 + 首席AI官	传统公司
绝对价值创造	低	中等	高	高

图 1.2.2

我在之前出版的书中提到过 AI 的发展有四波技术浪潮，分别是 2010 年左右的互联网智能化、2014 年左右的商业智能化、2016 年的实体世界智能化（或者称作感知），以及近年的全自动智能化。这四波技术浪潮目前仍在推进，我们可以看到，AI 技术可以应用在各个行业里，基本覆盖了整个社会领域，如图 1.2.3 所示。创新工场作为一家投资机构，已经投资了大概 50 家 AI 公司，涉及的场景和领域也非常多，这些公司有做 AI 金融的，如银行理财、保险等；有做智能制造的，如拣货的机械臂、仓储的机器人等；有做无人驾驶的，包括 L3（有条件自动驾驶）级别、L4（高度自动驾驶）级别，还有无人驾驶货车等。另外，在零售行业，有做无人零售、销售预测、仓储预测的；在医疗领域，有做诊断、新药研发的；除此之外，还有做 AI 芯片的，等等。创新工场已经参与创造了 7 家 AI"独角兽"公司，创新奇智、文远知行近期刚跻身"独角兽"行列，所以我们的投资成绩是比较领先的。

从创新工场投资的这些 AI 公司可以看出，大部分公司都是切入不同行业去做产品，整体来说，AI 创业往往进军的是 To B 市场。比如 AI"独角兽"第四范式在中国机器学习平台的市场份额排名第一；追一科技专注于企业级客服和客服机器人；蓝胖子机器人针对仓库和制造；慧安金科做的是电商安全，用 AI 找到那些欺诈交易；国芯是做 AI 芯片的；Momenta 是国内第一家无人驾驶领域的"独角兽"公司；文远知行在广州落地了无人出租车，目前日常运营的车辆已经达百余辆；飞步科技主要做无人货车，已经在一些地方落地……因此，我们说 AI 初创企业抢占 To B 市场的机会很大。

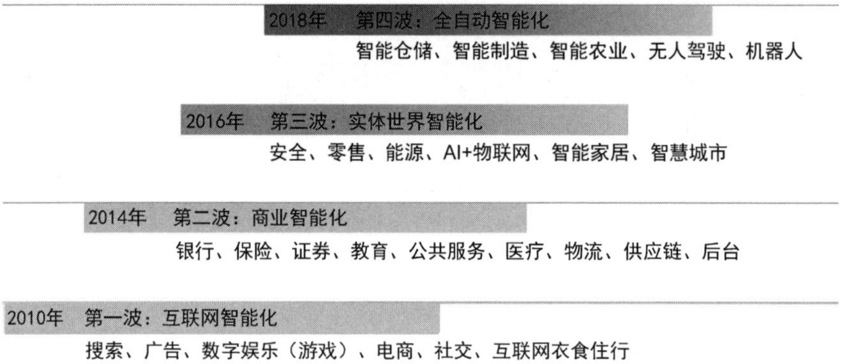

2018年　第四波：全自动智能化
智能仓储、智能制造、智能农业、无人驾驶、机器人

2016年　第三波：实体世界智能化
安全、零售、能源、AI+物联网、智能家居、智慧城市

2014年　第二波：商业智能化
银行、保险、证券、教育、公共服务、医疗、物流、供应链、后台

2010年　第一波：互联网智能化
搜索、广告、数字娱乐（游戏）、电商、社交、互联网衣食住行

图 1.2.3

创新工场自身的定位是"VC + AI"，即主要的盈利模式是 VC 投资，但是创新工场有自己的 AI 工程院，不仅能探索一些技术与商业的新结合，也能寻找新的投资机会——创新奇智就是这样诞生的。AI 工程院主要致力于追踪一些处在科技前沿且在未来 6～18 个月有商业落地可能的技术，并对应用场景进行分析，以此推动项目商业化落地。对很多科学家来说，商业是比较陌生的，而企业家又对 AI 不太了解，作为两方面都有所涉猎的中间人，创新工场会积极寻找两方可以媒合的地方。在过去两年，我们一直在追踪 Transformer 技术，也在为它寻找合适的商业场景。发现一个尚未落地的技术并将它推到可用的场景，是 AI 工程院的重要任务。

1.2.4　AI 赋能传统行业四部曲

传统行业里 AI 可以应用于哪些地方呢？

第一是进行单一环节的降本提效，直白一些就是 AI 取代人的简单重复工作。当然 AI 不像科幻小说里面那样可以完全代替人类去工作，但是由 AI 取代人并完成一些简单重复的工作是完全可能的。这里的 AI 并非要把人的工作全部取代，但是诸如公司前台的一些工作：问询访客信息、检索访客数据库、联系被访者、开门关门，等等，都可以由 AI 来完成。而前台的其他工作，比如处理一些特殊的问题等，还是需要人来做的。

我们可以想象，一家稍具规模的公司原本有 5 位前台人员，如果一部分工作可以由 AI 自动化完成的话，也许就只需要两位前台人员了，最终 60% 的工作"外包"给 AI，40% 的工作由人来做。最近很火的 RPA（Robotic Process Automation，机器人流程自动化）就是为公司后台提供服务的，例如员工报销、财务核实、法务确认、新员工入职之类的重复性工作可以交给 RPA 完成。将一套 RPA 软件装在涉及重复性工作的员工的电脑上，让程序"观察"员工所做的工作，程序还会问他："是不是该这样？要不要我帮你这样？"并由人来标注"是的"或者"不是"。经过一段时间的机器学习与训练，RPA 就能够完成人的一部分工作了，如果 60% 的工作任务可以由 RPA 分担完成，那么企业人员成本便可以大大削减。我认为在下一个阶段，降本在企业里会更普及，尤其在疫情之后全球经济面临着巨大的挑战下，降本会成为大部分公司的需要，AI 则能帮助企业完成很多简单、重复性工作，人能从这些工作中释放出来去做更有价值的事情。

创新工场 AI 工程院曾为一家美国汽车贷款公司提供过 AI 技术服务，当我们谈到 AI 可以取代信贷员的一部分工作时，该公司的董事长还半信半疑。在那之后，我们的两位工程师仅仅花了 7 周时间，就为这家公司降低了 14% 的坏账率，让公司每一年挽回上千万美元的损失。注意，这里仅考虑损失的降低，还没有考虑在 AI 取代信贷员后带来的人力成本的降低。

第二是单一环节的优化赋能。用 AI 取代公司整个工作流程中的某一个环节，比如衣服、鞋子、手机等产品在出厂前要经过的质量检测环节，这一环节我们可以用计算机视觉技术解决，实际上现在不少工厂已经开始使用智能质检技术，比如在服装生产线上用 AI 检查衣服颜色、号码上的瑕疵。相比于人工质检，智能质检可以节省相当可观的时间。在不改变整个制造流程和生产线的情况下，用 AI 取代人工完成其中的一个环节，不失为一种风险相对较低且为单点切入的 AI 应用模式。

随着线上教育的发展，我们发现其中的很多环节同样可以由 AI 来完成。如果把教育流程进行分解，它可以分为四个环节：课堂学习、课下练习、测试、评价。我们发现 AI 可以取代教育的每个环节，比如，如图 1.2.4 所示，当学生在线上课堂学习的时候，为什么一定要由真人老师讲课而不是虚拟老师呢？让虚拟的、受欢迎的卡通人物来教一个学龄前孩子英语、数学是未尝不可的；再比如线下练习环节，我们可以靠 AI 了解每一个学生的困难点在哪里，并可以通过 AI 数学游戏化的方式帮助他学习困难点或用 AI 纠正英语发音；再到测试环节，现在 AI 出题、AI 批改考卷在中国已经非常普及，甚至 AI 可以给每个学生定制不同的题目，这是授课老师单凭有限精力很难实现的事情。对于教育行业，

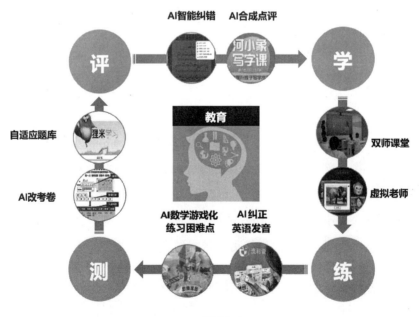

图 1.2.4

我的一个期待就是，老师的重复性工作可以由 AI 来做，而且我相信 AI 可以做得更好、更有针对性，而老师要做的是向学生讲授学习的方法、创新的方法等，以及鼓励学生，了解每一个学生想做什么、想成为什么样的人，这才是更为合理的分工。

第三是流程智能化赋能，即从一个环节切入并逐渐覆盖其他环节，最终实现全流程的智能化。以智能零售为例，最开始我们用 AI 预测每家店不同产品的售卖量，并根据预测决定进货量，之后可以根据进货情况分析仓储的配置，进而预测物流如何运输、仓库如何选址，甚至判断未来的新店应该开在什么地方。在此基础上，我们可以有 AI 收银、自动补货的无人商店，就像 Amazon Go 一样，客户选购完商品直接结账离开。在这个例子中，刚开始 AI 只是做简单的销售预测，从单点切入并经过滚雪球式的逐步智能化，最终整个零售流程的 AI 化得以形成。图 1.2.5 展示的是零售业的 AI 流程智能化赋能全貌图。

最后一点更为宏伟，就是重构整个行业的规则。目前，智能音箱在一定程度上正在颠覆整个蓝牙音箱行业，未来我们一定能够看到 AI 颠覆更多行业例子的出现。AI 在医疗领域的应用可以是多方面的，它可以帮助医生更好地诊断和预测患者病情。在新药品的小分子研发中，我们可以用以往的研发数据去训练 AI，让 AI 更精准地预测什么样的药物需求量最大并判断什么样的药物药效更好，以及如何能够更快地通过临床试验，从而帮助科学家筛选研究方向，成倍提升药物研发速度，最终改写甚至颠覆整个医药研发行业。

有时候，我们看到 AI 研发的工作场景会感慨它的繁复程度，而花费很多时间做出来的 AI 应用可能只适用于一家企业的某个生产流程，这不免让人觉得可惜。确实，未来的 AI 创业会比以往更辛苦一些，其实理由很简单：那些最容易、最低垂的果实早就被摘走了，最容易做出来的 AI 应用已经被其他公司做了，反而定制化、实现起来更困难的事情，才是新创业公司的机会所在。

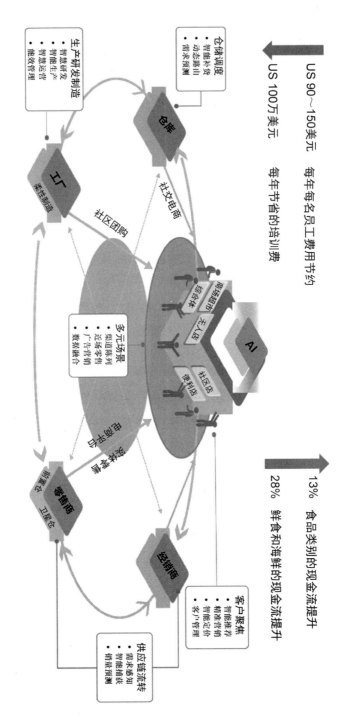

图 1.2.5

1.3　AI 赋能时代的创业特点

1.3.1　海外科技巨头成功因素解析

成功的机会非常多，如何寻找合适的机会呢？AI 赋能时代的创业特点可能会是什么呢？

AI 是一项新技术，我们恐怕难以只看 AI 行业的数据就能得到完整的答案。对每一个 AI 创业者来说，他们都梦想能够造就一家伟大的科技公司。我深度分析了现存的 64 家海外科技巨头（北美 44 家、欧洲 15 家、以色列 5 家），试图解析出造就它们成功的因素。

第一，它们具有技术独占性。这些科技巨头普遍是由成功的科学家领导的企业，它们拥有技术独占性和领先性优势，这其中以硬科技公司为主流，而其他公司在一两年之内都难以复制其产品（图 1.3.1）。

公司创立之初是否拥有独占性技术

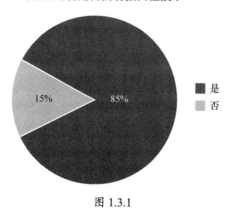

图 1.3.1

第二，有优秀的产品团队和强大的销售团队。无论企业做出多好的产品，卖不出去都是没有用的，而成功的科技公司往往在很早的时候就意识到了这点（图 1.3.2）。

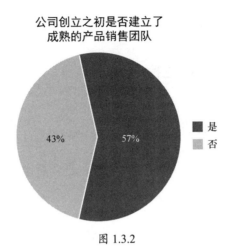

图 1.3.2

第三，这些顶级公司中的科学家创始人大概率具备丰富的商业经验，抑或是创始人在早期就找到了一位商业合伙人，而仅仅凭科学家自己拍脑袋就能取得成功的概率是非常低的。

第四，我们看到很多成功的科技企业，在成立之前就已经有了技术落地的经验和案例，因而它们对技术在落地场景中的价值创造能力较为明确（图 1.3.3），也就是所谓的概念验证（Proof of Concept）。

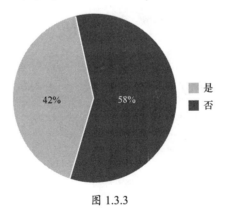

图 1.3.3

第五，从年龄来说，30～40 岁的创业者成功的比例较高（图 1.3.4）。

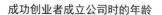

成功创业者成立公司时的年龄

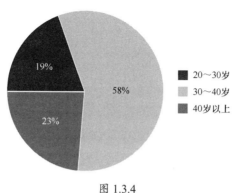

图 1.3.4

如图 1.3.5（a）所示，我们列举了欧美成功科学家企业成功的重要因素，而图 1.3.5（b）则是关于欧美成功科学家创始团队的三类不同模式。我们可以看到，这其中只有 20%的企业是由纯科学家团队或教授团队创立的，这个比例是比较低的。所以对于想要创业的读者来说，真的需要再思考一下纯科学

欧美成功科学家企业成功的重要因素

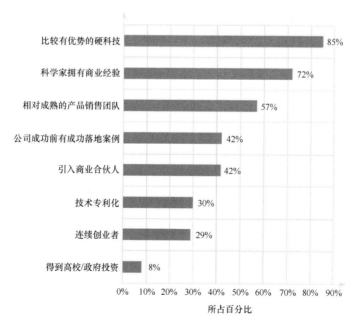

(a)

图 1.3.5

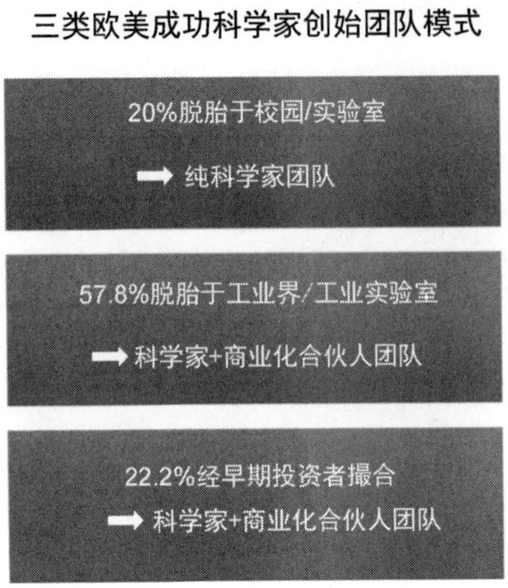

三类欧美成功科学家创始团队模式

(b)

图 1.3.5（续）

家创业意味着什么，尤其是要考虑 AI 已经从发明期进入应用期。此外，接近 60%的创始团队来自工业界/工业实验室，像 Google、Facebook 等公司出来的科学家，他们已经具备了丰富的商业经验，因此更容易创业成功，这也是我们可以参考的创业路径。最后还有 22.2%的创始团队是经过像创新工场这样的早期投资人撮合，将商业合伙人引入科学家团队，最终形成"1+1=3"的胜利局面。

1.3.2　科学家创业的优势和短板

精益创业之父 Steve Blank 曾培训了 500 个科学家团队，辅导了 261 个成型创业项目，但总共只融资了 4 900 万美元。他总结了导致这个结果的一个很重要的原因——很多科学家往往很不愿意承认自己不具备把技术商业化的洞察力与能力。

如图 1.3.6 所示，在科研环境里成长的科学家，一部分人的一大特质是追求科研突破，要做前所未有的东西出来，"别人没做过"才是他们的唯一衡量标尺，至于能不能创造价值、能不能赚钱，这些因素反而考虑得不够深入。因此我们也不必惊讶于以这样的心态做出来的产品往往不接地气、难以赢利。科学家的另一个特质是学术严谨，就像博士生们往往需要 3～5 年的时间才能完完整整地完成自己的博士论文，而创业则要快、要快速迭代，如果美团、小米没有快速迭代，它们就不可能在这么快的时间内创造出如此有价值的公司。我们甚至可以说，科学家的训练难以直接造就一位伟大的创业家，所以读完博士再创业的读者要注意，你们往往缺少一些产品化、商品化的能力。

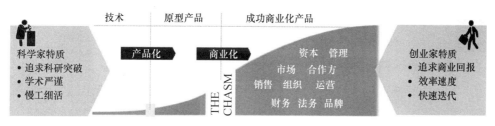

图 1.3.6

其实一些学术界的教授也持有"唯技术至上"的观点，认为顶级的论文比顶尖的产品或者应用要有价值得多。但是这样持有以学术为核心的人，往往难以创造出伟大的商业公司，他们的思维方式也可能会影响其学生。因为我自己曾经走过这条路，所以我非常清楚。我在读完博士之后，至少花了 10 年时间才改掉这种与企业工作要求格格不入的习惯。

这是一个分工的问题，无关对错。企业需要不断寻求利润点，需要快速迭代，需要把用户当作上帝，这是企业家该做的事情。但是如果所有人都做这样逐利的工作，谁来发明下一个"深度学习"呢？我们需要能仰望学术星空的人才，同时也需要能脚踏实地把技术落地到使用场景的人才。所以我们的分工就是，学术界不断探索科技高峰，不考虑短期利益得失，而更看重长远发展。学术界不需要考虑商业应用，一旦考虑商业应用，就会跨进商业领域，而在商业领域就要做这个领域最需要的事情。因此，这不仅是分工的问题，也是选择的问题。让科学家做他们该做的事情，让企业家、投资人和商人做该他们做的事情。对于正在攻读博士的读者来说，你们必须要知道，你们接受的教育是让你成为一个学术界的科学家，如果你真的想进入创业界，那就要"换个大脑"，要学习很多不同的思维方式。

所以，科学家除主导关键技术外，还需要补齐商品化、产品化方面的能力，这部分能力的缺失会导致科研成果向商业化转化的比例降低，这一点中国跟美国有很大差距（图 1.3.7（a））。很多科学家因为太钻研自己的科研，会相对低估了科研之外的能力，然而除科研外，要做好一个产品还需要做行业探索、市场开拓、初期产品和市场化（用户的获取）（图 1.3.7（b）），每一项都是一个新知识点，很多科学家往往不具备这些能力。如果想要运营好一个公司，要么自己学习，但是学习的过程会很漫长，要么寻找合适的人来补足。要注意，这里不是一个简单的商业化，更不是简单地雇一个懂商业的人来处理。一个公司取得成功，其科技的领先性虽然至关重要，但它可能只是十个重要技能里的一个，还有另外九个技能需要补齐，这一跨领域的技术难度超过了大部分纯粹做科研的人的想象。

1.3.3　四因素降低 AI 产品化、商业化门槛

积极的信号是，有四个因素让今天的 AI 技术落地更顺遂，商业化门槛也因此降低了：在软件层面，以 TensorFlow 和 PyTorch 为代表的深度学习框架迅速成熟，绝大多数深度学习模型及核心开发工具以开源形式发布，大大简化了科研与工程复杂度；在硬件层面，以 NVIDIA 的 GPU（Graphics Processing Unit，图形处理单元）系列、Google 的 TPU（Tensor Processing Unit，张量处理单元）系列、华为的昇腾系列等 AI 加速芯片构成的硬件生态日趋完善，服务器端和边缘计算端目前都拥有成熟的 AI 加速方案，能够让我们更好地使用这些芯片；在集成层面，云平台、容器、虚拟环境等技术大幅降低了 AI 算法的实施与部署成本，现有的大数据平台、商业智能平台或传统商业系统与 AI 算法之间的连接越来越容易；最后，在人才层面，纯科研型的人才结构已经转变为科研型、工程型、产品型和商业型的复合人才结构，比如 DeeCamp 训练营能帮助营员们跨越科研和产业，而且工程型、产品型、商业型人才在 AI 落地的过程中，越来越容易处于关键位置。

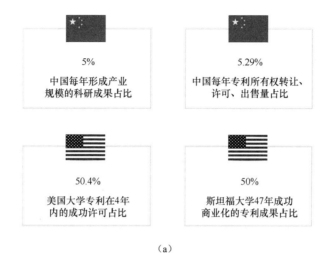

（a）

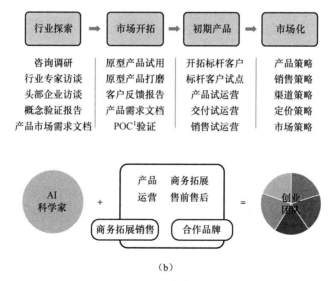

（b）

图 1.3.7

（数据来源：教育部和科学技术部共同编写的《中国普通高校创新能力监测报告 2018》《美国科学与工程研究的专利调研（2010）》、斯坦福大学技术许可办公室）

1. POC，英文全称 Proof of Concept，意为观点提供证据。

AI 门槛降低，同时也意味着 AI "黑科技" 发明期已经过去，过去我们认为的 "技术领先就能成功" 的认知在今天已经很难成立。我们要认识到，今天的 AI 已经不是 "黑科技"，它的普及度已经相当高，更多的 AI 机会是找到行业应用。卷积神经网络（Convolutional Neural Networks，CNN）技术从发明到商业化普及花了 30 年时间，但 Transformer 模型从发明到大规模的普及只花了两年，这里的 "两年" 不是指发明了 Transformer 模型的 Google 花了两年时间把它变成产品，而是 Google 发明了 Transformer 模型之后，Google 和它的竞争对手，以及一些创业公司，能在两年之内把 Transformer 模型用于自己的产品。我们看到，字节跳动、腾讯、阿里、百度等公司，都已经用上了 Transformer 模型。如今一个有关新技术的论文在发表之后，无论是不是开源（Open Source），都会很快被其他公司学习，所以现在很难再有一个公司因为有大批顶级博士而独占某一项技术的现象发生——这个概率越来越低。因此，从 AI 的创业、赋能和使用来说，未来可能不会出现更多的 AI "黑科技" 公司。未来 AI 的赋能其实在很大程度上就像其他相对成熟的技术的赋能，比如，Database 的赋能、网络安全的赋能。

接下来，我介绍四个 AI 创业落地的案例——两个成功的和两个不太成功的。

第一个案例是创新工场在 2018 年孵化和投资的公司——创新奇智，创新奇智的主要业务包括智能制造、金融、零售、公共服务。当时我们已经看得很清楚，AI "黑科技" 发明期已经过去，所以我们抱着用 AI 解决商业化落地的心态，成立了创新奇智。我们需要有很好的技术，但更重要的是要实现商业化落地，所以我们建立了一个同时具有商业背景和技术背景的核心团队。正是这样的结合才让这家公司在第 3 年就成为 "独角兽" 公司，也是世界上最快成为 "独角兽" 的 AI 公司之一。对于想要做 AI 落地的创业者们，我认为创新奇智是一个值得学习的案例。在 AI 应用期，技术做得好是基础，除此之外团队成员更要有商业思维，要考虑如何能产生价值、如何能拿到订单、如何拿出客户需要的产品。当然，如今距离创新奇智创立又过去了 3 年，AI 的普及率更高了，甚至我们再通过复现创新奇智的模式取得成功都很困难了，但是至少这其中的思路可以借鉴。

　　第二个案例是河小象公司，它是教育领域的一家创业公司。河小象之所以成功并不完全在于有领先的技术，比如，它的一个产品是教小孩子写字，可能一些具有较强计算机技术背景的读者在看到这个产品之后都会说很棒，但是实际上河小象的成功主要源于优质的内容和服务，这也是教育的核心，而 AI 只是辅助优质内容的重要技术。我们也看到很多教育行业的公司可以把技术做得很酷，但是它们没有考虑产品的核心内容，最终都以失败告终。在河小象团队其实只有 10%的人是做技术的，而它在内容上的投入则更高。河小象 CEO 非常重视内容，在创始团队中安排了专人负责内容，同时召集了一些技术方向的合伙人共同创立并发展了这家公司。所以，AI 固然重要，但往往未必是公司核心，AI 是帮助把产品做得更好、更强的赋能工具。

　　接下来介绍两个反例。

　　第一个例子是一家来自医疗领域的创业公司。现在不少医疗影像读片技术公司都面临着很大的困境，因为它们找不到合适的商业模式。其实创新工场在早期就看到了这个问题，虽然我们非常认可医疗影像技术的成熟性，但考虑到产品在落地过程中还存在诸多问题，所以当时我们并没有做这方面的投资。

　　首先，第一个问题是，当时做医疗影像的一批科学家在创业时都采用的是同一套流程——通过标准数据库训练模型去识别皮肤癌、肺癌等疾病，再用模型参加比赛，得到好名次后以此去融资，之后他们会到医院寻求合作，这时医院会要求创业公司付费使用医院的数据。所以，他们从 VC 公司那里拿到的投资最后都给了医院，但是其实获取的数据很少，因为这只是一家医院的数据。

　　其次，另一个问题是这些公司没有很好地思考商业模式，也没有找出医院的真正痛点。创业者们认为，在技术上 AI 读片速度快、效果好，那么医院就应该付费购买，但是这与医院的采购流程和医院的 KPI（Key Performance Indicator，关键绩效指标）相违背。如果医院现有的医疗器械和你的软件不能融合，那么医院为什么要买你的软件呢？同时，这些医疗器械厂商还可能跟你存在潜在利益冲突，不愿意支持你和医院合作，甚至这些厂商自身都在做 AI 读片，那么更不会为你开放仪器的数据接口。当然，有创业者还想过要自己做硬件，但是他忽略了开发成本，以及拿到许可证的难度。

最后，一家医院在一年中用于购买软件的预算其实并不高。所以一个不懂医院采购流程、医院 KPI 的科学家，虽然做出了效果比人工更好的影像识别技术，但是最终还是没有办法将项目落地并赚到钱。

第二个例子是教育方向的公司。一批做机器人的 AI 科学家认为虚拟老师是进军教育领域的新机会，于是他们开发了一个非常复杂的机器人，它可以拿粉笔在黑板上写字、跟孩子交流。不得不说，技术团队的实力很强大，但是我们并不看好，问题有三点：第一，脱离了市场需求；第二，教育核心是内容和服务，机器人输出的教育内容和质量远不及人类老师，产品缺乏应用场景；第三，忽略了家长接受度。耗费了如此大的精力和成本做出来的产品，家长是不是愿意买单呢？所以，与其做一个这样的机器人，还不如做一个卡通小猫跳出来教孩子英语和数学，而后者是我们实际投资了的公司。这就是科技很强，但是太不接地气的实例。

另外，还有很多 AI 科学家想做平台，这也是我读博士期间的梦想。但是，实际上所有的平台都是从单一场景入手再慢慢变成平台的，平台不可能是第一天就开始做。而且我们要考虑到目前 AI 技术本身的作用是对已有平台的赋能，是否能单独做成一个平台还没有被产业界证明，所以我们不要太过于乐观，不要觉得做平台就是"高大上"，而去钢铁厂、生产车间、零售商店为传统行业赋能就觉得低端，其实往往是看起来不那么高大上的才更接地气、更有实用价值。

1.4　给未来 AI 人才的建议

最后，我想给未来 AI 人才一些建议。

前面说到 AI 由发明期进入应用期后，我们更看好创新奇智、河小象这样接地气、以用户为上帝的创业公司。可能有些读者会说："我就不想做这种接地气的事情，我要做高大上的事情，应该怎么办呢？"一种办法是留在学术界等下一个巨大的、类似"深度学习"的浪潮来临。我们正在经历的 AI 浪潮都是聚焦于感知方面的问题的，下一个浪潮最可能出现在什么方向上呢？我认为可能就在认知方面。如果说在过去的几十年里，深度学习让感知方面的技术有了很大提升，那么认知方面还是有很多问题亟待解决的。

有一本很有名的书叫作《思考，快与慢》（*Thinking，Fast and Slow*），作者在书中提到了"系统一"和"系统二"，如图 1.4.1 所示。系统一聚焦于 AI 感知问题，用 AI 做识别判断；系统二则聚焦于 AI 认知问题，即用 AI 做深度的思考——能够有自我意识甚至能够创造，这是通用人工智能（Artificial General Intelligence，AGI）或者说是向此方向发展的人工智能。不可否认，系统二还有很大的发展空间，因此在下一个可能的科研突破期到来时，你掌握一种突破性技术，是有可能进行以技术驱动为主的成功创业的。但是在此之前，我们主要还是应该在感知方面寻找为传统行业进行 AI 赋能的机会。

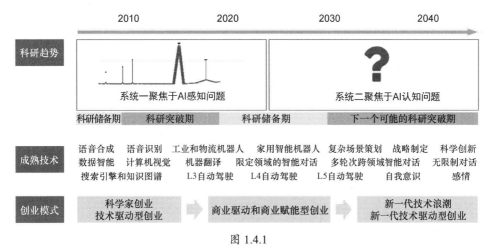

图 1.4.1

在了解以上信息后，如果你很想投身 AI 赋能时代，我认为可以有三个选择。

第一个选择是撸起袖子创业，和懂行的合作伙伴一起打造复合团队。比如吴恩达（Andrew Ng）的创业公司 DeepLearning. AI 就是一个标准的案例，国内也有不少类似的案例。如果你初出校门，很可能经验不足，相比于自己创业，加入一家创业公司可能会是更好的选择。无论怎样，当你确定要自己走上创业的道路时，我有几点建议想提醒你：

（1）要扭转心态，接受客户、用户就是上帝的观点，调整冷僻、崇高的科学创新观，先考虑行业的需求，再考虑能做多新、多酷的 AI，有用并有市场的创新才是重点。

（2）找正确的人做擅长的事情，不要低估商业化的流程及其重要性，有这方面的专家加入团队跟你一起做事，成功概率会更高。

（3）科研突破与商业回报并重，强调效率速度、快速迭代，补足产品化、商业化能力，尊重、理解行业规律，做服务者和赋能者。要知道你之前所经历的学习主要是成为科学家的训练，而非是为创业者准备的训练，你从中学到的严谨、创新都是很好的思维，但对于创业者来说往往需要快速的商业迭代和执行。

（4）当你寻找投资人的时候，一定要找既懂商业落地也懂技术的人，他们有助于公司最后的成功。

第二个选择就是加入一家传统公司，我们看到近两年很多传统公司开始加强 AI 技术。虽然，互联网公司也很好，但互联网公司做 AI 已经是天经地义的事情了，相比之下，传统公司处于提质增效转型期，对 AI 人才的需求强烈。我认为目前最适合做 AI 的传统公司在金融领域，因为金融公司的数据多，所用的目标函数和指标很明确，"+AI"的赋能在其中有相当大机会，同时金融公司也会重视科技人才。

除金融公司外，还有很多行业的公司从基因上就非常传统，不懂技术、不懂 AI，甚至可能是家族企业，加入这样的公司可能会让你感觉不适甚至痛苦，那该怎么办呢？

第三个选择是你可以加入专门做 AI 赋能的公司。其实有很多这样的公司，比如像麦肯锡这样的咨询公司就在帮助传统公司做 AI 转型；再比如，加入创新工场也是一个很好的机会，创新工场很早就看到了 AI 赋能的机会，我们的做法是找到传统公司，用 AI 为其赋能，然后再投资它，增强双方的绑定关系，对方也会非常信任我们。

当然，不是每一个人都适合创业或者就业，有很多人在博士毕业后留在学校做老师，积蓄变革力量。留在学校既可以专注科研，也可以用多种方式参与 AI 赋能传统公司的浪潮，对产业界同样有贡献。这里有三种发展路径可以参考。

第一种是专注投入 AI 理论科研，进入 AI 认知科研储备期，蓄力下一代技术突破，引领新一轮技术浪潮。科学家擅长突破未知，而学校是科研"净土"，可以不受市场、竞争等因素干扰，科研的方向也不考虑商业应用，比如图 1.4.1 中列出的与"系统二"认知问题相关的一些科研方向。深度学习发明人之一 Geoffrey Hinton 就是一个很好的例子，他专注于一个新技术，对于科研和商业的分工有很明确的定位，他会认为："我在科研界就是要继续做发明，商业界则该去考虑赚钱的事情。"当然，Hinton 也会鼓励他的学生参与商业创业。

第二种是学校到商业再到学校的方式。学校教授"下海"创业，成功后回归学校，在技术与商业层面指导学生继续创业，比如李凯教授创办了 Data Domain 公司并上市，他开辟了数十亿美元市值的新市场，之后又回到学校教书。

第三种是在学术圈兼职参与创业，通过 AI 实验室与传统公司合作开发课题。比如李飞飞博士，在回归斯坦福大学 AI 实验室后，同时兼职参与 AI 医疗创业。

我认为后面两种模式是很值得参考的，能让你过过创业的瘾。但因为你始终扎根于学校，要清楚未来你做的事情将会用学校的标准来衡量。

未来，无论你是想创业，想参与一个公司的建立，还是想留在学校寻找机会，我认为都是一个好选择。总的来说，今天 AI 进入了应用的时代，如今的 AI 行业跟五年前已经完全不同，而你的选择其实是变得更多了。

第 2 章

AI 的产品化和工程化挑战

王咏刚

创新工场 CTO

人工智能工程院执行院长

AI 的产品化和工程化是前沿科研成果向具体商业化场景落地的必由之路。总的来说，AI 商业化落地存在两大难题：一是产品化和商业化路径如何实现；二是科研算法如何向工程领域转化。要解决真实世界的 AI 问题，首先，要学习如何将最好的 AI 技术转化为最有价值的产品，其次，要做好 AI 技术的工程实现与工程部署。

本章将从以下两个角度探讨 AI 商业化关键路径上的两个重要领域。

（1）产品视角——如何认识 AI 的产品化路径，如何理解不同类型的市场和用户，如何设计有价值的 AI 产品。

（2）工程视角——如何从工程视角实现 AI 产品，典型的、与 AI 相关的系统架构有哪些，典型的设计模式有哪些。

2.1 从 AI 科研到 AI 商业化

今天，"如何实现 AI 商业化落地"是一个被反复讨论甚至被不断质疑的话题。一方面，AI 在许多场景和平台上实现了巨大的商业价值——Google、Facebook、Amazon、阿里和腾讯等公司早已在搜索引擎、广告推荐、商品推荐等领域，熟练并广泛地使用了机器学习，同时创造了巨大的营收。另一方面，大批怀着科技改造世界的美好梦想，在医疗、金融、制造、零售、能源、交通和仓储等垂直领域耕耘的创业者们却发现：理解客户场景和需求难、找到技术和业务的结合点难、实验结果和客户需求之间的差异巨大、单项 AI 技术难以解决客户的综合问题、概念验证或科研项目极难转化为客户的实际采购需求、实际项目实施的复杂度和定制化程度远超预期、技术和产品的可复制性不强，以及难以形成稳定的产品和可持续的销售……的确，AI 科研与 AI 商业化落地存在着巨大的鸿沟。这是因为科研的关注点（例如，技术如何突破、论文质量高不高、数据指标如何等）与商业化的关注点（例如，能不能赚钱、能不能持续赚钱、能不能轻松持续赚钱）之间，存在着较大差异，如图 2.1.1 所示。

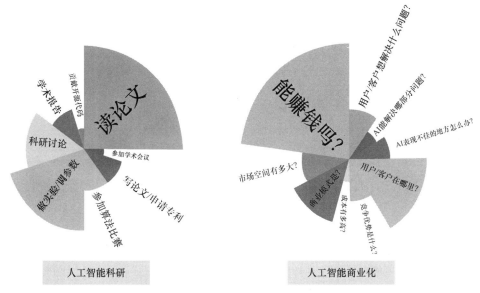

图 2.1.1

从更本质的层面来分析，大概有两个最重要的原因。

第一，今天的 AI 技术有非常明显的边界。在涉及从浅层信息到知识映射的任务时，或涉及单纯的数据建模任务时，它往往表现得性能出众，甚至超过人类完成类似任务时的平均智力水平。例如，今天的 AI 技术可以轻松快速地识别出人脸，可以快速完成从语音到文字的转换，可以快速从大数据（如广告点击日志）中建立数学模型并用于预测（如广告点击率预估）。但是，在涉及深层知识表示和知识理解（或者说基于符号语义的建模任务）时，今天的 AI 技术又"幼稚"得像一个两三岁的小孩，例如，当今顶级的 AI 技术连"预订餐厅"这样的限定领域任务，都还需要人类的配合才能完成（据《纽约时报》在 2019 年 5 月 22 日的报道，Google 发布的 Duplex 辅助预订服务在任务完成的最终效果上非常亮眼，但其实有相当一部分对话是在真人参与下完成的）。简单会话尚且如此，那么对于更复杂的知识理解和推理任务，我们可能还需要相当长的时间才能看到 AI 技术的进步。

第二，今天的 AI 技术在搜索引擎、广告推荐等有限领域里，可以真正成为核心业务的支柱技术。但在更广泛的领域里，很多 AI 公司的产品和解决方案至今都还停留在帮助客户的公司塑造一个"拥抱新技术"的良好形象上，或是为客户的非核心业务提供一些"有用但非亟须"的工具，而不是深入到客户的核心业务内部，帮助客户获得更大的盈利及成长空间。如何用技术帮助客户提升价值，这件事往往是很多科研人员和在校学生很难理解的——没有在商业环境下打拼过，就很难意识到：到底什么样的技术对企业的生存（或者说赚钱）最重要。因为要获得这种认知，人们不仅需要计算机科学知识，更需要具体行业的相关知识。

因此，如何从产品视角认识和管理 AI 产品或 AI 商业化落地的整个生命周期，这是本章要重点讨论的第一个问题。

另外，对于计算机或相关专业的高校在校学生来说，他们在学校里学到的学科知识和在工程上实现一个真正可用、好用的 AI 系统之间，同样存在着不小的鸿沟。从图 2.1.2 中不难看出，学校教学在一定程度上强调的是离散的知识点，而产业实践强调的是完整的系统工程，或者说是完整的技术栈。学生在学校学过机器学习、计算机系统结构、操作系统和分布式系统等课程，但是如果没有办法将这些知识融会贯通，去构建一套能够解决真实问题的系统逻辑的话，那么他们是无法将 AI 技术转化成工程产品的。从某种程度上说，学生只有在学校接受过能灵活运用学科知识去解决真实问题的专业性训练，毕业后才能成为高水平的算法工程师、系统工程师或架构设计师。

真实的 AI 产品或系统，往往由一个完整技术栈组成，大致会涵盖硬件架构、操作系统、分布式架构、核心算法、应用逻辑、部署和维护等多个层次的技术框架与技术组件，其中，每一个技术框架或技术组件又可能是由学生在学校里学过的多种学科知识共同支撑的。比如，我们要做一个图像识别系统用于超市的商品监控，一些缺乏实践经验的算法工程师可能会认为，商品识别不过就是目标检测（Object Detection）和目标分类（Object Classification）这两个任务，这

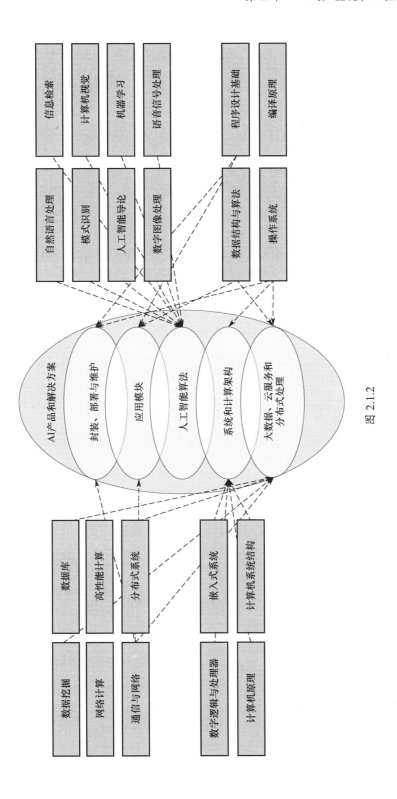

图 2.1.2

可以借助一系列通用算法，如 Faster R-CNN（Region-CNN）、YOLO 和 SSD（Single Shot MultiBox Detector）等来完成。但一个有经验的系统工程师或系统架构师则会在算法之外提出更多的问题，例如：

（1）我们需要多少训练数据？这些数据从哪里来？

（2）模型是否有定期或实时更新的需求？如何更新？

（3）推断（Inference）计算部署在哪里？是在终端？还是在云端？

（4）终端计算和存储能力是否有限制？是否需要对模型进行压缩？

（5）AI 算法本身是否有分布式的需求，如分布式的训练？

（6）图像如何采集？采集到的图像如何传输到运行算法的计算节点上？

（7）识别结果和操作日志如何保存并用于后续的算法优化？

……

这些问题看似是工程问题或是系统架构问题，但其实也和 AI 算法本身息息相关。

如何从一个专业的系统工程师或系统架构师的视角看待 AI 系统的设计与实现，这是本章要重点讨论的另一个问题。

2.2 产品经理视角——数据驱动的产品研发

产品经理需要具备的重要素质是严密的逻辑思维能力和系统化的方法论。不同领域的产品设计和产品管理，在方法论上也不尽相同。对于与 AI 和大数据相关的产品和解决方案，数据驱动的理念和方法论也许是最为重要的。

2.2.1　数据驱动

Eric Schmidt 与 Jonathan Rosenberg 在合著的 *How Google Works* 一书中提到了 Google "依数据做决策"的做法：

互联网时代的一项重要变革是，我们具备了能够用定量的方式来分析商业流程中几乎每个层面的能力……如果你没有数据，你就无法做决策……这就是大多数 Google 的会议室都有两个投影仪的原因——一个用于记录办公室的视频会议或投影会议，另一个则用于展示数据。

所谓"数据驱动"，就是产品经理在产品管理的全流程中，始终坚持以数据为决策依据的方法论。产品经理从收集数据开始，依据数据中体现出来的统计规律进行产品设计以及做出相应的产品决策，然后快速收集用户反馈数据，并根据反馈数据修改产品设计。上述过程反复迭代，可以达到不断完善产品的目的，如图 2.2.1 所示。

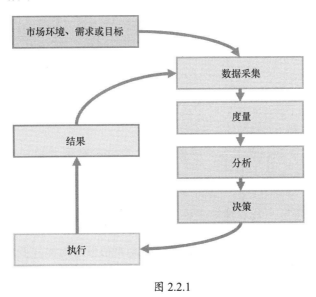

图 2.2.1

为什么产品经理要以数据为驱动呢？

首先，数据具有可度量的属性。可度量意味着：可评估、可管理、可改进和可持续。其次，数据具有客观性。在产品设计和研发的过程中，产品经理往往会面临大量难以取舍和难以决断的情形，此时，数据是帮助他们做出决策的最佳依据。再次，数据只有较少的偏见。数据本身当然有偏见，但当缺少数据时，我们会因为缺乏客观评估标准而引入更多偏见；相比于数据驱动，以经验驱动或信心驱动的产品研发有可能在短期内或在个别项目中取得巨大成功，但其累积的偏见会越来越多。最后，数据易于可视化。此外，基于长期积累的数据，产品经理更易于对其进行智能分析。

从根本上说，数据驱动的思路就是用可度量的方式指导产品定义、产品设计和产品开发。大数据工程师和 AI 算法工程师应该非常熟悉数据驱动的基本思想：在机器学习领域，为了验证一个新算法的性能如何，我们就需要有数据集，并用一定的方法和指标来度量该算法在数据集上表现出的性能，以及还需要有作为参照的基线。机器学习领域里有关数据驱动的核心思想完全可以用于指导产品管理——这基本就是数据驱动的产品思维。

从实际执行的角度讲，数据驱动就是指在产品管理的每一个环节，用可度量的数据指标来指导产品决策，比如：

（1）用户需求是否存在？我们需要精准的用户调研数据。

（2）市场空间是否足够大？我们需要客观的市场调研数据。

（3）产品是否应该包含某个功能特性？可以针对这个功能特性做小规模实验，并收集实验数据。

（4）产品是否有可能在竞争中胜出？分析竞品数据同样很重要。

（5）营销和推广渠道如何搭建？这就需要我们做对比测试并获得客观的渠道转化率数据。

（6）产品的用户界面是否美观易用？这也可以通过对比实验结果的数据来判定。

数据驱动的核心是：相信数据具有可评估、可管理、可改进和可持续的属性，与我们通过"拍脑袋"做出的主观判定相比，数据偏见少、更客观。当然，熟悉统计学和机器学习的读者很清楚，统计数据里看似公正、实则偏颇的事情也有很多，比如著名的"幸存者偏差"。但严密的逻辑加上科学的度量方法，还是可以更大概率地保证数据的客观性，从而为决策提供更好的支持。

学过统计学和机器学习的读者应该非常熟悉 ROC（Receiver Operating Characteristic，受试者工程特征）曲线，ROC 曲线反映的是伪阳性率（False Positive Rate，FPR）和真阳性率（True Positive Rate，TPR）之间的关系。我们应该都清楚，在多数真实系统中，必须在算法的伪阳性率（假警报比率）和真阳性率（敏感度）之间做一个折中或权衡。

类似地，我们在用数据驱动的方式去思考一个产品定义或产品设计时，也需要懂得取舍或权衡的艺术。例如，一个线上知识社群类产品，如果增加一个"一句话吐槽（类似日式冷吐槽）"的功能，那么社群平台在大概率上可能会增加新注册用户数量、活跃用户数量和平均用户在线时长。与此同时，这样偏娱乐性功能的上线，多半会带来娱乐型用户占比的增加，这是否会进一步影响有价值的知识内容的积累，或者付费类知识课程的转化率呢？这就需要产品经理通过对比实验，并仔细收集、分析数据，最终做出最优的折中或权衡了。

2.2.2 典型 C 端产品的设计和管理

一个典型 C 端产品[1]的研发过程如图 2.2.2 所示。因为市场机会、市场容量、竞品态势的变化瞬息万变，今天的互联网和互联网产品尤其需要快速迭代的产品研发模式。可以说，在今天中国的 C 端产品市场里，根本没有所谓的"蓝海"，几乎每个战场/赛道在初具规模的时候，就会有大批强有力的竞争者参与进来，并形成"红海"。在"红海之战"里，快速迭代的思想需要提高重视、重点强

---

1. C 端产品，C 指 Customer，即客户，C 端产品是指直接面向最终用户且主要供个人使用的产品。

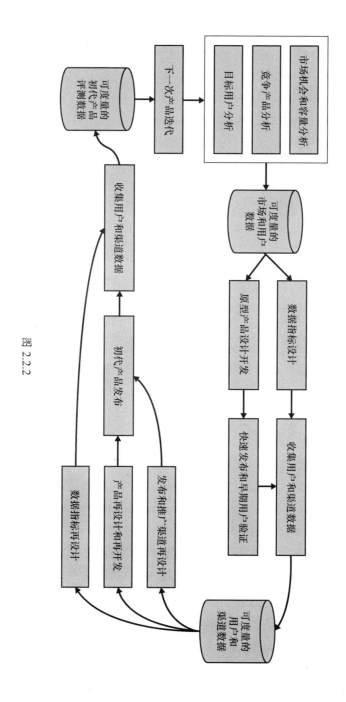

图 2.2.2

调。这是因为通过快速迭代，产品经理可以更早地获得用户反馈数据，更早地指导和修正产品设计，更早地做出符合市场规律的正确决策。

在具体的执行层面，很多 C 端产品的产品经理都非常熟悉两件事：一个是数据埋点，一个是 A/B 测试。数据埋点指的是在产品的前后端逻辑里，技术人员加入特定的日志代码，用于记录与用户操作或系统功能有关的事件。通过埋点记录下来的信息被存储在系统的前后端日志中，而产品经理则经常需要从这些日志中寻找数据的规律，挖掘数据背后的价值。比如，一个电子商务网站或APP，可以通过数据埋点了解到某用户在浏览商品时，曾把一件商品加入购物车但后来又"删除"了此商品的行为，甚至可以有针对性地记录下商品被加入购物车直到最终"删除"之间，用户又执行了哪些操作。然后，产品经理根据用户交互日志，分析在什么情况下用户更容易放弃一个订单，并据此改进产品设计，提高购物车中商品的实际转化率。[1]

A/B 测试是指将不同版本或不同迭代周期的功能按照一定的用户触达比例同时发布。比如，针对一个实时通信工具，我们想在新版本的迭代中测试一个新功能——根据用户的输入特点，系统向其提供相应的表情包。但对于这个新功能，我们不确定这个功能是否会得到用户认可，那么我们可以通过前后端软件的设置，将特定比例（如 1%）的用户导流到带有新功能的版本中，剩余99%的用户仍然使用不含新功能的版本。将用户导流到不同版本的做法，既可以根据一个预先设定的条件（如某地域符合某年龄段的用户）来选择新版本的测试用户，也可以随机选择新版本的测试用户。这种有对比的测试，我们可以很容易得到新版本用户相对于旧版本用户的变化数据。例如，聊天的平均时长和对话轮次有无提升、原有的输入功能是否受到影响、新功能的使用频次是否达到了预期等。

总体上，评估一个 C 端网站、APP 或微信小程序产品的数据指标有很多，大致可以分为渠道转化效率、用户活跃度、用户使用率和用户留存率等几个大

---

1. 有关"数据埋点"的问题，知乎上有一些很不错的答案值得参考，读者可在知乎上搜索"数据埋点是什么？设置埋点的意义是什么？"等相关问题进行查看。

类，每个大类中又有一系列的常用指标。需要强调的是，对于不同类型的网站、APP 或微信小程序，决定它们价值的核心逻辑并不一定是相同的。例如，对于一个搜索引擎来说，用户在产品上的停留时间（平均单次使用时长）并不一定能反映出系统的真正价值，因为好的搜索引擎通常能更快地帮助用户找到目标，并将用户带到目标网站或 APP 上，这时的用户平均使用时长反而较低。但对于一个内容类的网站或 APP，例如短视频应用、新闻聚合应用等，用户的平均使用时长就特别重要，这个时长乘以用户的活跃度（例如月活跃用户，Monthly Active User，简称 MAU），然后再乘以一个平均的广告转化率，基本就是内容类网站或 APP 最基本的收入模型了。[1]

2.2.3 典型 B 端产品解决方案的设计和管理

B 端产品解决方案指的是那些专向政府机构或企业提供软硬件系统，以政府机构或企业内部使用为主。图 2.2.3 展示了一个典型的 B 端产品解决方案的研发过程。B 端产品解决方案的调研、立项、研发、实施和推广的整个流程与 C 端产品相比，差异巨大。[2]

B 端产品研发具有客户需求导向和销售导向的特点，客户的实际采购与使用意愿实际上决定着 B 端产品解决方案的成败，而这又进一步由解决方案本身是否与客户需求相契合、是否能融入客户现有业务流程并为客户的业务带来增值所决定的。相比之下，技术是否先进、产品是否有创意，通常并不是决定性因素。因此，B 端产品解决方案对数据的依赖，往往不是 C 端产品所关心的用户使用率、留存率等指标，而是对客户现有业务流程、商业模式和实际需求的精准分析。

---

1. 有关用户与产品数据采集的具体手段，可以参考诸葛 io 创始人孔淼在知乎上的一个相关介绍。读者可在知乎搜索「分析数据」是找出关键驱动元素的好方法"进行查看。

2 关于"为什么 B 端产品与 C 端产品存在巨大差异"，读者可参考 Blair Reeves 与 Benjamin Gaines 合著的 *Building Products for the Enterprise*（O'Reilly 出版社出版）一书，书中给出了非常清晰的介绍。

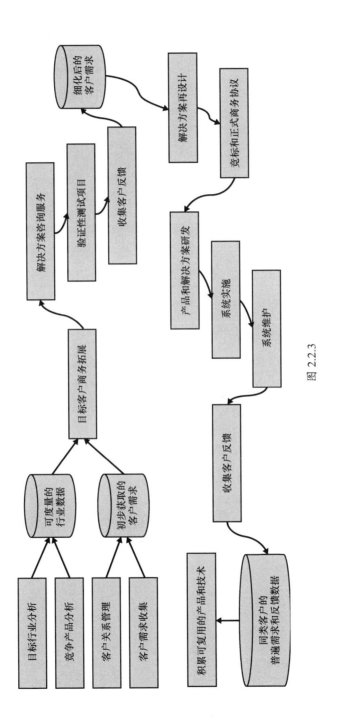

图 2.2.3

举例来说，假设我们想用机器学习算法改进某个零售行业客户的供应链管理，如果向目标客户介绍：我们的机器学习算法采用了多么前沿的技术，我们的相关算法论文已发表在顶级会议上，我们的算法曾在某数据集上获得过第一名的成绩——这些信息可以展示我们的技术实力，但无法从根本上影响到客户的采购与使用意愿。真正有效的方法是，我们需要深入到客户目前的供应链管理流程细节中，或借助客户已积累的大数据资源，或帮助客户建立更有效的大数据流程，然后从中找到客户当前在供应链管理中效率最低的环节，并针对这个环节设计最实用（而不一定是最先进）的算法。

接下来，我们还必须在客户现场进行 POC 测试。比如，首先选取客户在某个省的供应链子系统，并根据历史数据用合适的算法预测该省在未来三个月各项原料的采购数量、销售预期等。然后，定量评估 POC 系统能为客户业务带来多大的价值提升空间，如节省了多少成本。如果在 POC 项目中获得了满意的结果，客户就有可能认可算法和系统的价值，并将 POC 合同转化为实际采购合同（通常还要通过竞标）。最后，在系统正式实施和维护中，数据采集环节（特别是对能提升业务价值的相关数据的采集）也非常重要，它会帮助我们进一步优化解决方案，并从中抽象出可以复用的模块或产品，并在同行业的其他客户中进行推广。

简单地说，B 端产品的解决方案最根本的成功要素就是，我们能否帮助客户提升业务价值。此外，解决方案是否具有行业代表性，是否能加快合同回款以获得良好的现金流，是否能大幅减少后期维护成本，是否能积累可复用的技术、产品等，这些都是衡量 B 端产品解决方案是否成功的重要指标。

2.2.4 AI 技术的产品化

一个特定的 AI 技术（如对手写数学公式的识别），是选择走 C 端路线还是选择走 B 端路线，未来二者所必须经历的数据驱动的产品研发、管理过程是大不相同的，细节见图 2.2.4。

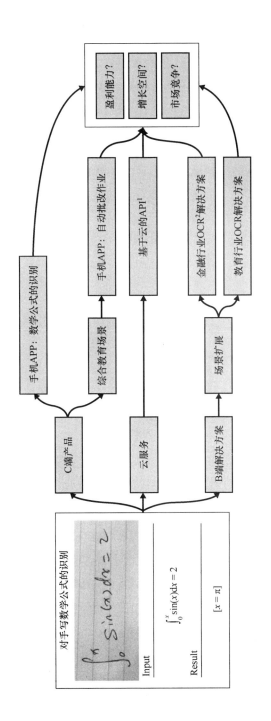

图 2.2.4

1. API，英文全称 Application Programming Interface，意为应用程序接口。
2. OCR，英文全称 Optical Character Recognition，意为光学字符识别。

如果决定主打 C 端产品，那么我们就必须回答以下问题：

一个手写数学公式 APP 或微信小程序的最终用户是谁？是学数学的小学生、中学生？是需要辅导作业的家长？还是为课程教学做准备的老师？

如果结合教育场景，推出一款能智能帮助老师、家长批改学生作业的 APP，那么这个 APP 的推广渠道、盈利模式是什么？是简单地通过在线软件商店来推广，还是通过线上线下的运营渠道来推广？是通过在 APP 里植入广告来赚钱，还是通过 APP 向其他教育类业务导流来赚钱？

在每个特定的商业模式下，响应的市场规模有多大？预期的用户增长情况如何？竞争对手有多少？预期的营收在三年或五年时间里的成长曲线会如何？等等。

如果决定主打 B 端解决方案或服务，那么我们要回答的问题就大不相同：

这个解决方案或服务是面向哪个行业的？

如果是面向教育行业，那么我们的潜在客户是学校、教育机构，还是有内部教育培训需求的企业？

在潜在客户的业务流程里，对手写数学公式的识别功能是必须的吗？

这个功能是否能够帮助客户建立一个新的业务增长点？如果不能，是否能够帮助客户提升现有业务流程的效率，或降低现有业务的成本？

这个解决方案的服务模式和收费模式是怎样的？是基于云平台的 API 调用并按调用次数收费，还是基于定制化的软件服务并按软件授权来收费？等等。

总之，从产品经理的视角出发，要构建好的产品或解决方案，我们不能只懂技术或只懂 AI，好技术团队必须同时具备对市场的分析能力、对目标客户/用户的触达能力，以及对目标行业/业务的深入理解能力。

2.3　架构设计师视角——典型 AI 架构

除从产品经理的视角看待与 AI 应用相关的问题外，学会从架构设计师的角度看待问题，对我们实现与 AI 相关的产品，也有非常大的帮助。

产品经理在看待问题时，强调的是市场、需求、方案、特性及产品生命周期的全流程管理。而架构设计师在看待问题时，强调的是如何用最适合的技术让产品满足需求。这是相辅相成的两个方面。

无论是产品研发中的哪一类角色，如 AI 算法工程师、AI 系统工程师或用户界面工程师等，都或多或少需要了解一个产品的整体设计和整体方案。因此，架构设计师在思考和设计产品时经常使用的方法与流程，就非常值得我们多加关注，并仔细研习。

2.3.1　为什么要重视系统架构

在一个技术团队里，不同角色所具备的技能应具有互补性。架构设计师擅长整体架构设计，前、后端工程师擅长编程，AI 算法研究员、算法工程师擅长机器学习算法的设计与实现。但笔者一直强调，每一类角色都必须具备较广阔的技术视野，能对自己专长以外的技术有一定的认识。就拿 AI 算法研究员和算法工程师来说，对系统架构基础知识的了解和认识是必不可少的，主要原因有如下几点。

首先，算法实现并不等于问题解决。在学术界，最重要的是提出问题及研究出解决方案，而在工业界最需要的是解决问题。其次，实验室环境中的"问题解决"也不等于工程现场中的"问题解决"。只要不是纯粹的科研问题，AI 算法工程师就必须考虑工程实现层面对算法的支持或约束，比如，要知道 AI 代码部署在哪里、AI 计算发生在哪里、AI 计算所需的数据/资源是从哪里获取的。再次，工程师需要最快、最好、最有可扩展性地解决问题。最后，对典型软硬件系统架构的理解，其实是在一个系统工程中，科学家、AI 算法工程师、前端工程师、后端工程师、大数据工程师和硬件工程师等不同角色之间，进行顺利沟通、高效交流的一门"通用语言"。很难想象，一个完全不懂架构设计的 AI 算法工程师，如何与其他角色顺利合作，并将自己的算法高效地集成到整体系统中。

笔者曾向一位在 Android APP 上实现人体姿态检测算法的 AI 工程师提出过这样一个问题：

"在最终的系统中，你的姿态检测代码运行在哪里？是运行在用户的手机上，还是运行在云平台上并作为 API 服务被 APP 调用？你训练出来的模型又是部署在哪个设备上？在模型需要更新时会经由何种网络通道传送至目标设备？"

他回答道："我不知道呀！我实现了算法代码，他们（指其他前、后端工程师）把我的代码拿去用不就行了。"

我接着问："那你是否想过，如果你的算法代码运行在手机端，你有没有针对手机 NPU（Natural Processing Unit，自然处理单元）来优化你的算法性能？如果你的算法代码运行在云端，你有没有针对云平台上的 GPU 来调优你的算法？如果你的模型参数众多，每次更新都需要下载数百 MB 甚至几 GB 的.pb 文件，那么最终用户体验会不会受到影响？你有没有考虑过对模型进行压缩，以提升用户体验？"

目前已经有不少 AI 功能（特别是演示性或娱乐性功能）被集成在 Web 应用或微信小程序里。就软件执行环境而言，这两者都是相当复杂的情况。算法工程师并不需要真的去编写微信小程序的脚本代码，或真的去学习 JavaScript、Node.js、React 之类的编程语言，但至少要知道，当一个 Web 前端或一个微信小程序里需要嵌入一段机器学习算法时，算法代码的实际运行位置究竟有几种选择。否则，我们如何根据实际配置与使用场景进行算法优化，从而获得工程上的最优效果呢？

2.3.2　与 AI 相关的典型系统架构

真实世界里的 AI 算法，必然被集成在互联网、移动互联网世界里最典型的系统架构中，如图 2.3.1 所示。例如，在今天这个时代，云平台和 AI 成为技术世界里最重要的两个支柱。云平台提供基础架构，AI 提供智能属性，二者越来越密不可分。其实，今天很多顶级的云平台就同时兼有 AI 平台的身份。Google Cloud 提供了 Cloud AutoML（Automated Machine Learning，自动机器学习）和 TPU 资源，Amazon AWS 和阿里云提供了智能客服接口、GPU 资源，等等。

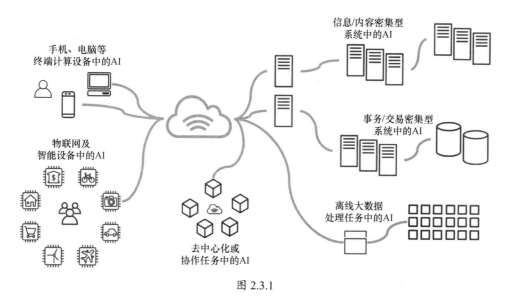

图 2.3.1

笔者把真实世界里与 AI 相关的系统架构，或者说典型设计模式大致分成五个大类：

（1）单机或终端系统。

（2）离线大数据处理任务。

（3）信息/内容密集型的联机系统。

（4）事务/交易密集型的联机系统。

（5）去中心化系统或协作型的任务。

下面，我们分别讨论这五类系统的大致特征、典型设计模式，以及它们与 AI 算法实现或部署方式之间的关系。

1．单机或终端系统

单机或终端系统中的 AI 计算模型相对简明和清晰，通常由硬件层、操作系统层、虚拟层（可选）、AI 框架层和 AI 应用层（示例）组成，如图 2.3.2 所示。

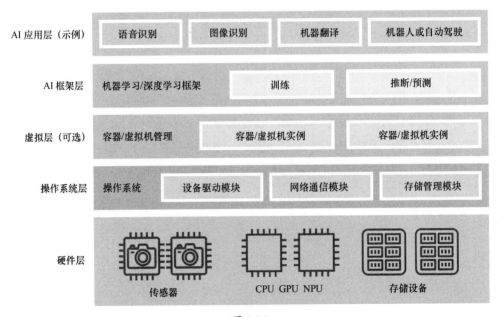

图 2.3.2

从理论上来说，一方面，AI 框架层并非必须有，但今天大多数 AI 算法都依赖于 TensorFlow、PyTorch 等主流框架，事实上，AI 框架已经变成了 AI 时代的"操作系统"。另一方面，以 Docker 容器为代表的轻量级的虚拟层，目前在云上和本地 AI 计算中的应用都非常普遍。虚拟层的存在方便了 AI 算法在异构平台上的部署。在训练算法时，可以使用虚拟层来屏蔽宿主操作系统，甚至加速芯片驱动层的差异，或自动适应 Kubernetes 这样的分布式部署环境。在算法的推断阶段，其实目前也有许多系统使用虚拟层来简化部署。

与此同时，使用虚拟层或 AI 框架层，就如同一把双刃剑，它们一方面为开发者提供了便利，另一方面也屏蔽了许多系统层面的知识，这并不利于初学者在学习阶段去熟悉每一个技术环节。例如，有不少写算法很熟练的初学者，自己并不会配置显卡驱动，也不理解为什么有的机器学习模型或某些机器学习模型的某个特定部分并不适合用 GPU 来加速；还有一些初学者在利用 Docker 封装 AI 算法时，很少能有机会去思考 Docker 这样的虚拟层对系统性能的影响到底是怎样的；另一些初学者只会使用框架提供的数据集接口访问训练集与测试集，而一旦转换到工业环境时，面对数百万张小图片组成的训练集带来的存储和传输挑战，就会立即束手无策。

在加速硬件方面，有关 CPU 和 GPU 在计算模型上的差异，推荐以下学习资源：

（1）在知乎上搜索"CPU 和 GPU 的区别是什么"，查看相关文章。

（2）在 Data Science 官网搜索关于"CPU vs GPU in Machine Learning"主题的文章。

（3）在 Google Cloud 官网搜索关于"Google Cloud 上如何选择 CPU、GPU 及 Google TPU"主题的文章。

从学习角度来说，理解技术问题要越透彻越好，被屏蔽或被封装起来的信息要越少越好。从工程实现角度来说，要尽量高效地使用现成框架和现成工具——

这是"学习"和"工程实现"的差别，但这两件事并不矛盾，我们学习得越透彻，在工程实现时，对框架和工具的使用就越高效。

通常来说，无论是在单机里还是在终端上，每一个真实世界出现的问题都未必是一个单纯的 AI 算法问题，往往需要我们将多种手段加以组合才能解决。举个例子，国产主流品牌手机，如华为、OPPO、vivo、小米等，在 2019 年前后都陆续宣布其手机拍照功能支持在超暗光环境下拍摄，其暗光拍摄能力甚至超过拥有高 ISO（International Organization for Standardization，国际标准化组织）特性的专业相机。很多 AI 研究者将这种强大的超暗光拍摄技术归功于 AI 算法的引入。

这个结论当然没有错，例如，2018 年，一篇具有里程碑式的论文——*Learning to See in the Dark* 在 CVPR（IEEE Conference on Computer Vision and Pattern Recognition，IEEE 国际计算机视觉与模式识别会议）上发表。论文中给出了利用 AI 技术恢复在暗光环境下拍照的细节，以及去除暗光噪声的一个非常有效的算法。2019 年，旷视科技发表的一篇名为 *Learning Raw Image Denoising with Bayer Pattern Unification and Bayer Preserving Augmentation* 的论文，将暗光拍摄的 AI 算法性能又向前推进了一步，并且还应用在了 OPPO 手机里。

但是，如果说暗光拍摄技术的实现仅仅是 AI 算法的功劳，那么这个结论就有失偏颇了。暗光拍摄功能是由从硬件到软件的完整技术栈实现的。比如，在硬件层面上，最近几年手机镜头也普遍拥有了 F1.6 或更大的光圈（不过进光量因受焦距限制而无法和专业相机比），一些手机厂商也使用类似 RYYB[1]。另外，光学防抖功能和智能防抖功能也是在暗光条件下，通过尽量延长曝光时间来获得清晰成像的关键。今天的很多暗光拍摄程序也是通过拍摄多张照片，并利用 AI 技术及使用自动对齐及多张叠加的方法来获得更清晰的图像的。所以，在一系列软硬件技术中，AI 暗光成像的自动去噪或自动补全细节只是完整技术栈中的一环。

---

1. RYYB，即"红黄黄蓝"的缩写，是使感光元件收集到的电信号在转换为彩色信号时需使用滤镜的一种排列方式，传统手机相机通常使用 RGGB（红绿绿蓝）的新型感光模式来提升画质。从专业摄影角度讲，RYYB 是否在所有情况下都能提高画质，业界仍存有争议。

简单地说，AI 算法解决的是单点技术问题，而真实世界里的系统级应用问题则需要完整技术栈的优化组合来解决。

2. 离线大数据处理任务

离线大数据处理任务指的是那些不需要实时响应用户的在线请求，并且不用实时返回处理结果的任务。

其实，大多数 AI 训练任务都是离线大数据处理任务。AI 模型一般可以通过对线下批量数据的训练获得，然后再应用于线上的场景中。比如，要得到一个自动翻译系统的 AI 模型，我们就可以在线下训练大量文本数据。线下模型也需要更新，但像自动翻译系统这样的应用，每隔一段时间（甚至几个月或更长时间）再去更新模型也是完全没问题的。再比如，对一个电子商务系统里的全部或部分历史交易日志进行离线分析，我们可以建立一个比较好的商品推荐模型或智能定价模型，这类模型也许需要较频繁地更新，但还远未达到实时更新的程度，离线大数据处理任务完全可以满足其要求。此外，搜索引擎的索引任务从传统意义上来说也是离线处理任务，除非我们特别强调索引的实时性。

离线大数据处理的典型应用场景包括：

（1）为搜索引擎系统管理的文档建立索引。

（2）对全部或部分历史交易数据的离线分析。

（3）对社交网站数据的智能舆情分析。

（4）用于 OCR 的机器学习模型预训练。

（5）对机器翻译模型的预训练。

典型的离线大数据在处理任务时所使用的技术栈如图 2.3.3 所示。纵向看，图中自下向上是处理器、操作系统/设备驱动、虚拟层、集群和任务协作管理，最后是处理离线大数据的应用层。横向看，图中从左到右的应用层基本可以分为数据采集，数据存储、组织和管理，数据处理，数据智能四个部分。

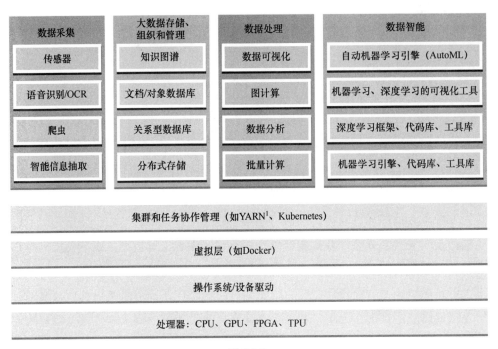

图 2.3.3

从图 2.3.3 中不难发现，数据采集部分所需的技术更加多样性一些，搜索引擎常用的爬虫技术同时也是很多相关的大数据系统的初始数据源。另外，在今天这样的 IoT（Internet of Things，物联网）时代里，越来越多的各类传感器其实也成了一种海量信息的收集渠道。比如，自动驾驶汽车上的诸多传感器，如激光雷达、毫米波雷达、摄像头等，它们采集的路面环境信息，以及汽车的每个控制系统采集的控制信息，都会被后续的 AI 训练模块所使用。

AI 技术本身就能在数据采集阶段发挥巨大的价值。例如，能够智能地将非结构化数据变成结构化数据的 AI 技术——从传统的 OCR、语音识别，到智能还原一份打印出来的报表中的结构化数据，再到智能分析并提取一篇文章中的要点信息，这些机器学习任务都可以帮助我们快速有效地收集信息。这样的智能信息获取技术甚至可以单独成为一个有用的工具，比如，微软的 Office Lens 工具、"扫描全能王" APP、印象笔记的文档拍照功能等，这些工具把

---

1. YARN，英文全称 Yet Another Resource Negotiator，意为另一种资源协调者。

OCR 和"白板/文档/名片"的扫描功能结合了起来，能帮助我们快速处理数字化信息内容。

大数据存储是一个历史久远并仍在蓬勃发展的技术领域——从最基本的文件存储、数据库存储发展到分布式场景下的分布式文件系统，如 NFS（Network File System，网络文件系统）、Google 的 GFS（Google File System，Google 文件系统）和开源的 HDFS（Hadoop Distributed File System，Hadoop 分布式文件系统），再到基于 key-value 结构的大数据存储，如 Google 的 BigTable 和开源的 HBase，以及为结构复杂的文档或对象定制的存储方案，如 MongoDB。

知识图谱（Knowledge Graph）可以算是另一种对信息的存储和组织方式，知识图谱的好处是可以高效表达实体间的关联关系。基于知识图谱，我们可以完成诸如知识推理、知识问答等较复杂的智能任务。但知识图谱对于数据结构化及数据质量的要求很高，没有一定的结构化数据积累，或没有一套完整的数据质量优化方案，知识图谱的作用就会大大减弱。

在数据处理方面，相关技术的迭代速度也很快。历史上，搜索引擎曾为海量数据建立索引，这大概就是第一个对分布式离线大数据处理提出较高要求的任务。现代意义上的离线大数据处理技术，以及相应的框架或工具也大多诞生于 Google、百度等搜索引擎公司。适用于批量计算的 MapReduce 及开源的 Hadoop，适用于实时计算或多次数据迭代的 Spark，以及适用于图计算的 Amazon Neptune 和 Apache TinkerPop 等，这些工具都是这些年常用且仍在不断演进、迭代的技术框架。

数据采集、存储和处理的最终目的是实现数据智能。AI 和 AI 算法就是基于大数据来建立模型并基于模型完成预测、分类、聚类等任务的。可以说，离线大数据处理的完整技术栈，正是机器学习算法赖以发挥作用的坚实地基。[1]

---

1. 有关大数据处理的技术栈，推荐一篇题为 *Big Data: Challenges, Opportunities and Realities* 的文章，可作为本章拓展阅读资料。

1）三种基本的分布式系统设计模式

在梳理具体的大数据处理技术框架之前，我们先简单总结一下最基本、最典型的三种分布式系统设计模式。通俗地讲，所谓分布式系统，就是把任务分散在多个处理节点上（通常是分布在一地或多地的多台计算设备上）进行处理并获得结果的系统。分布式设置的计算节点之间的关系如何设计，就相应地形成不同的分布式系统设计模式。在一般的分布式系统教材中，通常会罗列五六种或者八九种，甚至更多的设计模式，但其中最重要的、也最典型的其实是以下三种，如图 2.3.4 所示。

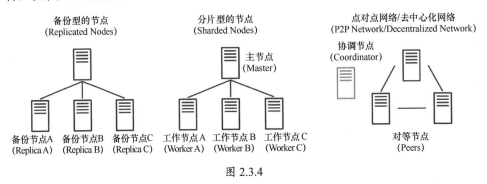

图 2.3.4

（1）备份型的节点设计模式。这是最基本的、有中心调度主机（负责负载均衡）的分布式模式，除了调度主机，其他节点地位平等，每台节点计算机所提供的服务和所拥有的数据也基本相同（在实际应用场景中，各节点间的数据同步允许有一定的延迟性，即在一定的延迟范围内，节点之间的最新数据可能不完全一致）。大规模用户请求被负载均衡服务近乎公平地分配给所有节点计算机，每台节点计算机以完全一致的方式处理用户请求并返回结果。

（2）分片型的节点设计模式。这种有中心调度主机（负责负载均衡）的分布式模式将中心主机以外的所有节点按某种方式划分成不同的分片，每个分片的一个或多个节点负责处理与该分片业务或数据有关的请求。例如，要为大量网页建立索引，可以根据网页的 URL[1]（实际使用的是 URL 的哈希值）将所有网页分成

---

1. URL，英文全称 Uniform Resource Locator，是指统一资源定位器。

若干个分片，每个节点只处理一部分网页。再比如，"铁路 12306"这样的订票系统，完全可以根据其业务逻辑，把不同铁路局的票务分散在不同分片里，每个分片只处理某个特定铁路局的票务。

（3）点对点网络/去中心化网络设计模式。这种设计模式弱化了中心调度服务的功能，更加突出参与节点间的相互连接及相互通信。用户请求可能被多个任务节点同时处理，因此，多个任务节点之间形成了一种协作式的关系。例如，P2P（Point-to-Point，点对点）下载或 P2P 视频传输系统、以区块链技术和比特币为代表的分布式加密货币网络，等等。

2）从 MapReduce 到 TensorFlow

Google 的 MapReduce 虽然诞生于十几年前（在分布式架构的发展史上，已经算得上是老前辈了），但它的核心设计思路确实成为后来许多优秀分布式系统的理论指导（图 2.3.5[1]）。要想更深刻地理解 MapReduce，读者最好从程序设计语言中的表处理功能出发，先理解单机版本的 Map 过程和 Reduce 过程，例如 LISP（List Processing）语言中的 #'map 和 #'reduce（及分布式的版本 #'LParallel:PMAP），或 Python 语言中的 map 和 reduce（及更受推荐的 List Comprehensions）。作为扩展阅读，Quora 上对 "How is MapReduce different from map and reduce functions in lisp？" 问题的解答可作为参考阅读。

MapReduce 的本质是根据 ID 将数据分入不同的分片来进行运算，每台工作节点只处理特定分片的数据。处理后的结果可以经由 Shuffle 过程，重新组织并输入到 Reduce 过程。Reduce 过程根据 ID 来聚合 Map 过程的输出，并生成最终结果。Map-Shuffle-Reduce 的过程甚至可以级联起来，组成相当庞大的 MapReduce 级联系统，以便能完成更加复杂的处理逻辑。许多离线大数据处理任务，包括许多机器学习的训练任务，都可以被抽象成 MapReduce 这种分布式设计模式。MapReduce 的经典论文 *MapReduce: Simplied Data Processing on Large Clusters*，值得读者仔细阅读。

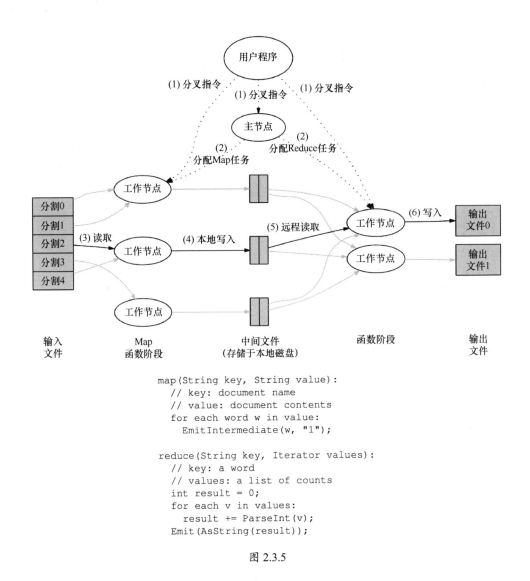

```
map(String key, String value):
    // key: document name
    // value: document contents
    for each word w in value:
        EmitIntermediate(w, "1");

reduce(String key, Iterator values):
    // key: a word
    // values: a list of counts
    int result = 0;
    for each v in values:
        result += ParseInt(v);
    Emit(AsString(result));
```

图 2.3.5

  Spark 可以看作是对 MapReduce 设计模式的一种扩展，如图 2.3.6 所示（来自 Apache Spark 官网）。针对实时性要求较高的数据处理任务，或需要对数据进行多次迭代的机器学习任务，MapReduce 将中间数据保存到外部存储介质或数据库中的这一做法，就显得效率尤为低下。Spark 最具代表性的设计——弹性分布式数据集（Resilient Distributed Datasets，RDD）机制可以在内存中提供每个分片数据的可持续存储，以响应实时性强或多次迭代访问的数据请求。对 Spark 和

Hadoop（开源版本的 MapReduce）之间的一个简单比较，可参见 Logz.io 上的
"Hadoop vs Spark: A Head To Head Comparison"一文。

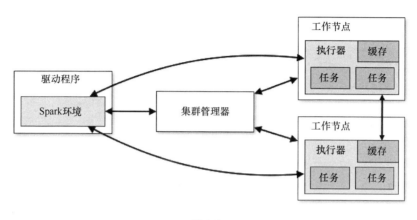

图 2.3.6

今天，对于学习深度学习的在校学生来说，大多数还是在单机环境下学习算
法和做实验。从学术界走进工业界，几乎每个在校学生都会面临在真实场景下需
要用并发或分布式环境来处理大规模数据的情况。比如，在 Google Cloud 环境
里，可以通过 GKE（Google Kubernetes Engine）申请管理一组 GPU 或 TPU 资
源，然后将自己的深度学习任务封装在 Docker 的映像文件中，并由 GKE 部
署、调度和运行。今天，主流的深度学习框架，如 TensorFlow、PyTorch 等，都
提供了对并发处理或分布式处理的支持。读者可参考 Google GKE 官方文档中有
关配置 TPU 的内容。

图 2.3.7（a）（b）（c）是来自 TensorFlow 官网的关于 TensorFlow 的并行或
分布式部署图。TensorFlow 或 PyTorch 在并发或分布式支持上的核心思想并不新
颖，只是基于分片模式的一种扩展。当然，分片的方法可以选择不同的思路。一
种是按照处理的数据不同来分片，这在 TensorFlow 推荐的分片模式中被称为数
据并行（Data Parallel），另一种更为复杂的实现是将整个深度学习网络进行拆
分，网络的不同部分在不同的处理器单元或不同的计算节点中运行，这在
TensorFlow 推荐的分片模式中被称为模型并行（Model Parallel）。

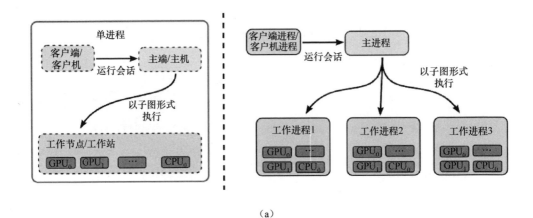

（a）

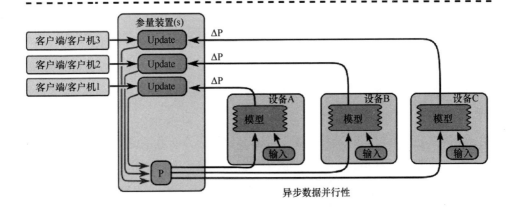

（b）

图 2.3.7

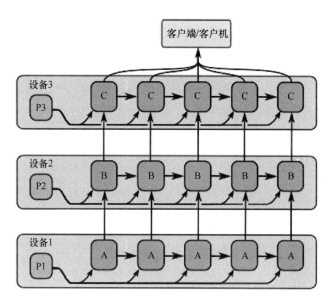

（c）

图 2.3.7（续）

注意 这里不特别区分并行计算（Parallel Computing）和分布式计算（Distributed Computing）的差异，因为从子任务划分的角度来说，两者可以共享类似的方法论。基于同样的原因，在很多时候，AI 算法工程师并不像系统架构工程师那样严格区分并行计算和分布式计算这两个基本概念。TensorFlow 的经典论文——*TensorFlow: Large-Scale Machine Learning on Heterogeneous Distributed Systems* 明确给出了数据并行训练和模型并行训练这二者的基础设计思路。

在具体实现过程中，更多人使用数据并行的训练方式，因为相对来说，这种方式更容易控制、实现和部署，而模型并行的实现难度就比较高。目前，Google Cloud 上的 TPU 甚至都不支持模型并行。

有关分布式深度学习的相关理论及发展脉络，张昊在知乎上发布的一篇文章可作为一个很好的概览性介绍，读者可在知乎搜索"分布式深度学习系统"这个关键词，找到这篇文章。文章提到了一个我们经常会遇到的尴尬情况，比如，我们用 8 台机器同时训练一个 VGG-19[1]，可能只能获得 2～3 倍的加速。换句话说，我们花 8000 美元买了 8 块显卡，最后发现，我们的系统实现让 6000 美元直接打了水漂。事实上，如果一个分布式系统用了 8 台机器，而实际只产生了 2～3 台机器的收益，这个系统显然是不达标的。也就是说，如果不是在充分理解分布式部署的情况下，网络通信、数据调度、参数同步等工作增加的额外负担，以及由此产生的相应解决方案，只会让工作变得事倍功半。

有关可扩展的深度学习系统的架构设计，尤其是如何在大规模 GPU/TPU 集群上建立高性能的深度学习架构，Google "大神" Jeff Dean 在 2017 年的 NIPS（Conference and Workshop on Neural Information Processing Systems，神经信息处理系统大会）上的一个题为 *Machine Learning for Systems and Systems for Machine Learning* 的报告非常值得我们参考（其中提到的有关 "Reinforcement Learning for Higher Performance Machine Learning Models" 的研究非常有趣，可以说是对机器学习和架构设计的有机结合）。

3. 信息/内容密集型的联机系统

信息/内容密集型的联机系统是大多数互联网网站、移动 APP、微信小程序的主要应用场景，其中包括提供商业或个人信息的网站、搜索引擎、新闻客户端、短视频浏览、旅游信息查询、机器翻译和地图应用，等等。

这一类 Web 服务的主要职能是根据用户请求，返回特定的信息或不同媒体形式的内容。从技术上说，此类应用的大部分用户请求，对于后台数据存储而言，都是所谓的 "只读请求"，不需要实时修改或更新数据存储内容，只需要简单返回数据结果的请求即可。

典型的信息/内容密集型 Web 服务的架构如图 2.3.8 所示。其中，负载均衡 ［包括 DNS（Domain Name System，域名系统）层面的负载均衡、前端 Web 的负载均衡、应用层的负载均衡等］与缓存服务集群是辅助系统；同步或异步

---

1. VGG 是由 Oxford 的 Visual Geometry Group 提出的，VGG-19 包含了 19 个隐藏层（16 个卷积层和 3 个全连接层）。

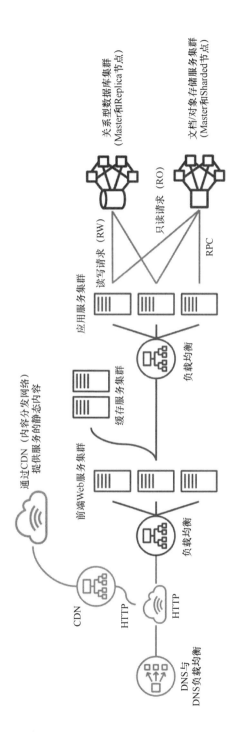

图 2.3.8

RPC（Remote Procedure Call，远程过程调用）通信，包括流行的 REST 协议、Google 开源的 gRPC（Google Remote Procedure Call，Google 远程过程调用）、Apache 开源项目 Kafka 等常用的消息队列等，它们是连接前、后台各个内部服务节点间的信息通道。实际的信息内容存储在后台的关系型数据库或文档/对象存储集群中。例如，搜索引擎的数据通常分为文档和索引两大部分，并存储在 GFS/HDFS 或类似的存储集群内。搜索引擎也经常使用更高级别的 key-value 数据库或文档/对象数据库来管理数据。应用服务器集群根据前端服务器传来的用户请求，返回具体的信息内容。

少量的数据修改和更新操作可以在离线处理阶段完成，也可以在响应特定用户请求时完成。在数据存储集群（如数据库集群或 HDFS 集群）中，任何涉及数据更新的操作，一般都会首先发生在一个特定的支持 RW（ReadWrite，读写）操作的存储节点上，然后经由数据同步服务，同步到所有其他 RO（ReadOnly，只读）节点。对大多数信息/内容类服务而言，不同存储节点间的数据同步有一个短时间的延迟，但这并不会产生太大的影响。

在图 2.3.9 中，大多数由 Web 服务接口提供的 AI 功能，都可以很容易地融入信息/内容密集型的联机系统中。AI 模型的训练通常属于离线大数据处理任务，无须并入联机系统，而联机系统中的应用服务所访问的则是 AI 推断功能的接口。例如，一个在线提供语音识别 API（Application Programming Interface，应用程序编程接口）的 AI 服务，语音识别的模型是离线训练出来的。用户可以通过 HTTP 或 REST API 访问联机系统的前端 Web 服务，前端 Web 服务通过应用服务调用（也可以直接调用）语音识别的后台服务。语音识别的后台服务在内存中加载模型并完成推断计算，并将结果返回。根据系统的访问量指标，语音识别后台服务可以配置多台计算节点组成的集群。即便是在集群中，有关模型更新的问题也不难解决，这和由 RO 存储通过数据同步服务更新到所有 RO 存储的过程并没有什么两样。

4. 事务/交易密集型的联机系统

事务/交易密集型的联机系统的典型应用场景包括：更新活跃的社交网络，

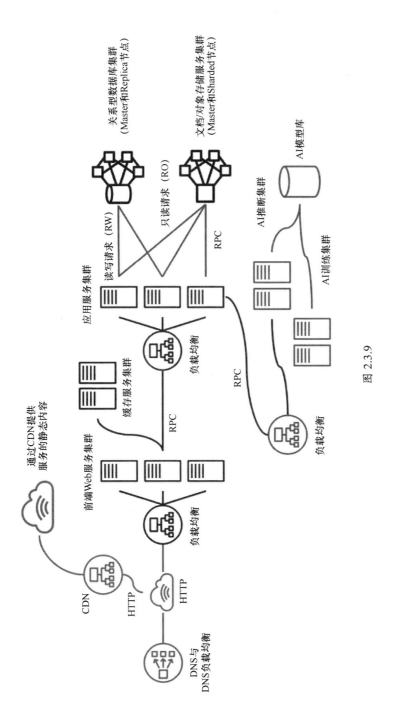

图 2.3.9

如及时发布热点新闻和娱乐事件的微博；电子商务系统中的订单和支付子系统，如淘宝、铁路 12306 订票系统（简称 12306 系统）等；涉及金融账户和资产管理的系统功能，如转账、支付、股票交易等；具有实时性的多方通信平台，以及邮件系统。

事务/交易密集型的联机系统在数据一致性上有特别严格的需求。12306 系统就是一个特别典型的例子。早期的 12306 系统在春运高峰时会不堪重负，常常出现系统频繁掉线、用户长时间刷不出票或者刷出票却无法下单支付的情形。记得当时互联网界还掀起过"如何改进 12306 系统"的大讨论。知乎上有一个关注度一度非常高的问题："12306 外包给阿里、IBM 等大企业做是否可行？"相关内容特别有意思，值得所有系统架构师一看。

为什么像银行的核心系统、淘宝等电子商务网站的订单管理和结算系统、12306 系统的票务管理和结算系统等，都如此难实现呢？这主要是因为在分布式计算理论中，这些系统受到了著名的 CAP 定理的限制。CAP 定理是说在一个分布式的系统中，对于一致性（Consistency）、可用性（Availability）、分区容错性（Partition Tolerance）这三个基本需求，系统最多只能同时满足其中的两个，如图 2.3.10 所示。[1]

很多关于系统架构的实践已经证明，基于传统关系型数据库（如 Oracle DB、MySQL 等）搭建的系统，在多数情况下并不适合扩展到超大规模的服务集群中，或者无法响应超大规模的用户请求，这是因为传统关系型数据库虽然具备高度的一致性和可用性，但因为 CAP 定理的限制，使得传统关系型数据库在分区容错性上难以做到尽善尽美。像淘宝、12306 系统这样的大规模的交易网站，为了支持大规模的扩展能力，这些系统在选择了分区容错性的同时，必然会在一致性和可用性二者中做出权衡。而由于商品交易行为对账目准确性的严格要求，这

---

1. 有关 CAP 定理的严格证明和相关讨论，Gilbert Seth、Lynch Nancy 等人于 2002 年发表在 ACM SIGACT News 的论文 *Brewer's Conjecture and the Feasibility of Consistent, Available, Partition-Tolerant Web Services* 中有详细的介绍。更加直观的图形化证明和讨论，读者可参考 GitHub 官网上的 *"An Illustrated Proof of the CAP Theorem"* 一文。

些系统又必然会选择一致性而放弃可用性。

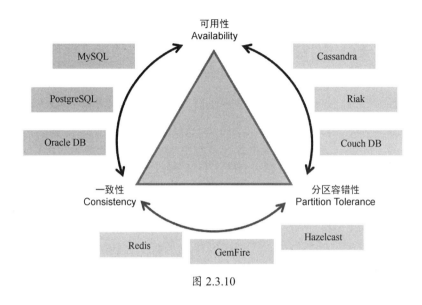

图 2.3.10

事实上，根据 2013 年的一则新闻报道，12306 系统为了在支持大规模并发交易（如春运高峰）的同时保证一致性，已经选择了 GemFire 作为自身的底层事务/交易数据库，其实现效果达到了预期。

当然，对于完整的 12306 系统来说，与票务交易相关的逻辑只是其中的一部分，其余涉及票务查询（如用户查找某日车次）的 RO 操作，则可以依据信息/内容密集型的联机系统的一般性原则来设计。阿里云云栖社区官方回应："目前阿里云已经与 12306 系统进行了合作，从 2014 年开始，12306 系统把网站访问量最大的查询业务分担到云端。"

值得一提的是，那些对数据一致性要求不高的 RW 交易，为了支持大规模的并发请求，完全可以在 CAP 中选择分区容错性与可用性，而放弃一致性，即系统可以容忍某些数据在短时间内出现不一致的情况（这时，在不同节点间对同步数据的操作就可以用较为简单的技术方案来实现）。例如，对于一个社交类的系统，不同用户在某个时间读到的评论信息有少量不一致，但是这并不会造成太差的用户体验。有不少专门的非 SQL 数据库是针对这种情形设计的。读者如果有兴趣的话，建议读一读 Apache Couch DB 上讨论的有关一致性的文档"1.3. Eventual Consistency"。

典型的、追求一致性的数据库设计和部署方式，详见图 2.3.11。对于更详细的情况，建议读者参考两个真实的、基于云平台的分布式数据库系统的设计思路。一个数据库是 Amazon 的 Aurora，另一个是阿里的 PolarDB。Amazon 和阿里分别是美中最大的电子商务平台，也分别是这两个市场里最大的商用云计算平台。这两家企业的技术团队在云上分布式数据库设计方面的经验，无疑是业界最具代表性的。

典型的电子商务系统的架构设计，如图 2.3.12 所示。

在今天的电子商务系统中，大多已经集成了基于机器学习的商品推荐模型、广告推荐模型等，如图 2.3.13 所示。这些机器学习系统与电子商务系统之间的集成，一般并不复杂，因为机器学习模型并不需要在交易的同时也用完全相同的速度保持更新且保证数据一致。也就是说，虽然我们需要商品推荐模型根据用户的行为（购买行为、查询行为等）尽快更新，以便为用户推荐最合适的商品，但这种更新有一定的时间延迟性，或在不同计算节点间出现不一致，这并不会特别影响最终的用户体验。在这种情况下，机器学习系统与电子商务系统的集成更像是为电子商务系统增加了另一个信息/内容型的业务模块，而不一定需要用高一致性的数据库或存储方案来解决。[1]

5. 去中心化系统或协作型的任务

有关去中心化系统或协作型的任务，典型应用场景包括：去中心化的机器学习模型训练，如可以保护个人隐私的输入法模型训练、语音识别模型训练、口语翻译模型训练等；在多个独立机构之间安全交换机器学习训练数据，如基于用户征信信息的风险管理模型需要使用多个机构的数据，在相互不暴露原始数据的情

---

1. 读者可参考阿里在 arXiv.org 上发表的两篇有关商品推荐模型的论文：*Billion-scale Commodity Embedding for Ecommerce Recommendation in Alibaba* 和 *Learning Tree-based Deep Model for Recommender Systems*。

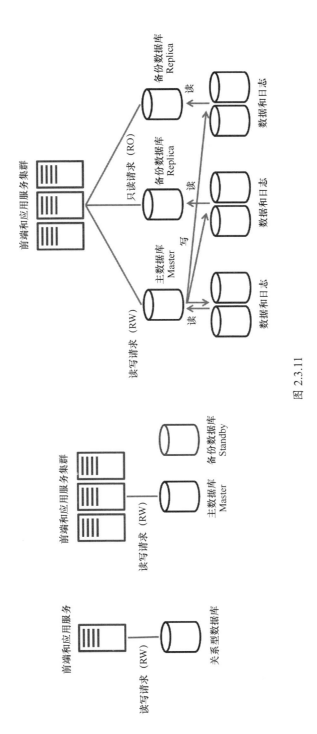

图 2.3.11

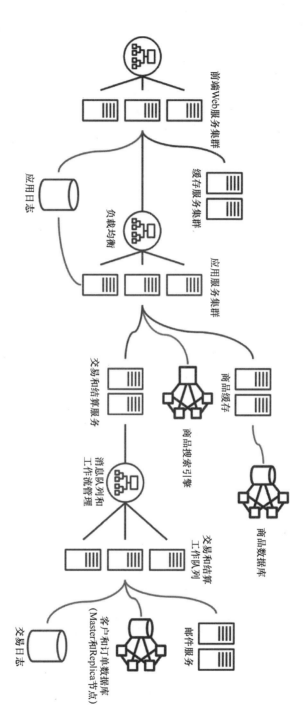

图 2.3.12

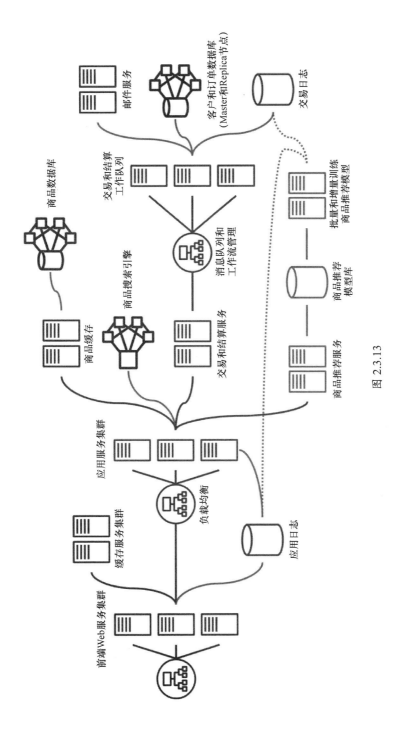

图 2.3.13

况下协同完成模型训练；基于区块链的金融平台；点对点视频分享与传输优化。P2P（下载或视频流）与区块链是我们熟悉的协作式或去中心化的系统设计，不过它们超出了本章的讨论范围，这里不做详细介绍。有兴趣的读者可以关注关于机器学习技术与区块链技术相结合的有关内容，比如，微软官网上的一个主题为 *Leveraging blockchain to make machine learning models more accessible-Microsoft Research* 的有趣讨论。

在此，我们重点介绍一下 AI 协作式任务在未来的一个重要发展方向——联邦学习（Federated Learning）。联邦学习的设计目标是，在保障大数据交换时的信息安全，以及保护终端数据与个人数据隐私并保证合法合规的前提下，在多参与方或多计算节点之间开展高效率的机器学习。

例如，Google 的联邦学习团队很早就将协作式模型训练这一概念应用在了许多需要采集个人数据进行机器学习，同时又必须保护个人隐私或商业机密的场景中了。Google 输入法 Gboard 为了精准预测用户输入，需要借助用户的个人数据来训练语言模型。在当今越来越强调个人隐私的时代，对用户个人数据最妥当的处理方式就是，只在用户自己的设备上访问并处理数据，永不将原始个人数据传送到云端。联邦学习技术允许 Gboard 在个人手机端利用个人输入信息训练出一个"端上模型"，然后将训练后的模型（而不是原始个人信息）传递到服务端进行聚合，再将聚合后的模型传回，以供 Gboard 使用。

图 2.3.14 是一个联邦学习的系统架构图，来自微众银行于 2018 年 9 月发布的《联邦学习白皮书 V1.0》。

Google 发表在 arXiv.org 上的一篇题为 *Towards Federated Learning At Scale: System Design* 的论文，介绍了联邦学习系统中客户端与云端交互流程的详细设计，如图 2.3.15、2.3.16 所示。两张图比较详尽地阐释了手机等终端设备是如何与云端设备协作，并分别负责不同的训练任务，然后再使用特定的协议，并依据一定的时序完成模型聚合与同步的。

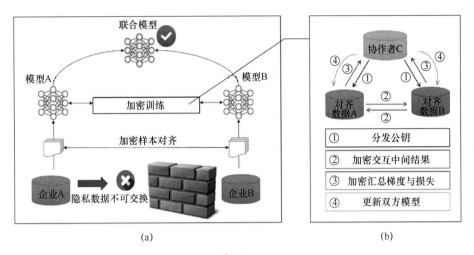

(a) (b)

图 2.3.14

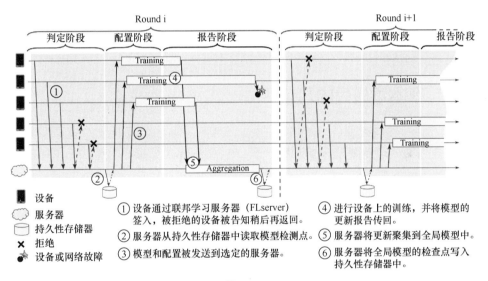

图 2.3.15

联邦学习有望成为下一代人工智能协同算法和协作网络的基础，笔者所在的创新工场 AI 工程院也在积极参与和推进联邦学习技术的相关研究。2019 年 3 月，创新工场南京国际人工智能研究院执行院长冯霁代表创新工场当选为 IEEE（Institute of Electrical and Electronics Engineers，国际电气与电子工程师协会）联邦学习标准制定委员会副主席，着手推进有关 AI 协同及大数据安全领域首个国际标准的制定。相信在未来的一段时间内，联邦学习无论是在技术的成熟度方面，还是在行业标准的制定与推广方面，都会取得更快、更好的发展。

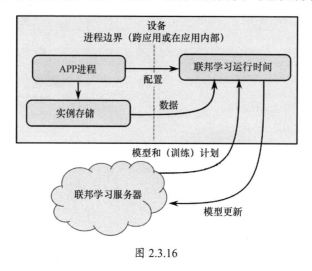

图 2.3.16

2.4 写在本章最后的几句话

笔者认为，产业界选拔并判断一个 AI 算法研究员或 AI 算法工程师的标准，无外乎以下几点：

（1）是否对机器学习领域的前沿动态有足够的敏感性，且具备强烈的学习意愿。

（2）是否具备较强的动手能力，可以快速解决核心的机器学习问题。

（3）是否有能力根据系统工程或产品设计的要求，灵活选择最适合的技术解决方案。

（4）在无法同时满足算法性能、系统效率、系统稳定性、系统扩展性等多项要求的时候，能否做出正确的技术或产品取舍。

（5）是否有足够强的团队协作能力和沟通能力。

（6）是否对目标领域的用户或客户有足够的理解与认知，并善于将领域认知与技术认知结合起来。

创新工场每年举办的 DeeCamp 训练营，就是要培养善于解决真实世界问题，擅长在产业界完成研发任务的 AI 生力军。要解决真实世界的问题，我们在知识积累上既需要"专"和"深"，也需要"广"和"博"，笔者希望这一章的内容能对读者构建完整的知识技能体系有所帮助。

本章参考文献

[1] Jeffrey Dean . Sanjay Ghemawat. MapReduce: Simplified Data Processing On Large Clusters. Communications Of The Acm.2008.

第 3 章

机器学习的发展现状及前沿进展

张 潼

香港科技大学计算机系和数学系教授

本章主要介绍机器学习在产业界的发展现状和它的研究进展，希望通过本章的学习，读者能对该领域内的关键问题有一个整体了解。本章内容分为两部分，第一部分介绍机器学习的发展现状；第二部分介绍机器学习的前沿进展，主要涉及复杂模型、表示学习和自动机器学习三个方向。

3.1 机器学习的发展现状

对于机器学习，至今很多人都存有一个误区——把深度学习和机器学习等同了起来。实际上，深度学习是机器学习的一种方法。深度学习于 2006 年被提出，2010 年得到迅速发展。而很多之前的机器学习方法，比如统计学习方法，也都一直存在着。很多人之所以对机器学习存有这样的误区，主要原因在于：当今机器学习的主要思维方式是在大数据和大算力的基础上构造复杂模型，而这又和深度学习的研究方式相吻合，且这个思路在解决很多实际问题时，也产生了很好的效果。

2010 年，ImageNet 大型图像数据集出现，在最开始的 ImageNet 图像识别挑战赛上，参赛队伍使用的都是浅度学习的方法。而真正推动了深度学习迅速发展的一个标志性事件是，2012 年深度学习模型 AlexNet 首次参加该比赛就获得了冠军。和其他模型相比，它在这个数据集上的分类错误率下降了更多。另外，深度学习也需要较大的算力，有研究者开始结合 GPU 训练深度模型，这一理念已经融入了现在的研究方式中，很多研究者都可以通过机器学习的标准数据集做各种实验，并通过各种方法的比较推进研究进程。其中，ImageNet 应该是最有影响力的数据集之一了，它有效地推进了深度学习模型的发展。另外，除 ImageNet 数据集之外，还有很多其他数据集，很多研究者也基于这些数据集提出了新的问题，它们也同样推进了相关研究的发展。

ImageNet 数据集除了支持图像分类任务，由于其数据量足够大，覆盖范围足够广，在其上训练的模型也可以有效地迁移到其他任务场景中。比如，它可以把一张图转变成一个能够被计算机有效使用的特征向量，然后通过特征向量去做后续任务，我们把这种方式称为表示学习。同样的数据所带来的不同表示方式，直接决定了后续任务的效果。因此，找到针对各种数据的好的表示方式，往往是机器学习的核心任务。

"大数据+大算力"的方法让机器学习解决了很多困难和问题。一个比较著名的例子是 AlphaGo，它是通过生成大量数据，并通过自对弈来学习下围棋的模型。当年，AlphaGo 战胜了人类围棋世界冠军，引起了全世界的轰动。因为人们觉得下围棋是一件很难的事情，而计算机程序的水平在当时又离人类最高水平差得很远。但是 AlphaGo 的成功说明，当我们有了足够大的算力投入及很好的算法后，计算机就能够取得超出我们预期的、更好的效果。后来，又有研究者把这个思想继续向前推进，比如，DeepMind 和 OpenAI 这些公司，它们会基于一些虚拟场景并利用生成的大数据来完成一些更加复杂的游戏。

现阶段，"大数据+大算力"可以在以下几方面发挥重要的作用。

（1）通过训练，我们能得到更加复杂的模型，以此提升模型在测试阶段的性能，也就是泛化能力。

（2）基于大数据训练的向量表示得到了广泛的应用。向量表示是指将一个数据（如图像、文本）用向量表示出来，其优势是能为模型的后续计算带来方便。同时，向量表示也可以迁移到其他场景中，并且在很多场景中都已得到了应用。

（3）大算力使自动化的机器学习成为可能。当算力足够大的时候，人类之前的一些工作就可以由机器代替，并通过机器学习的方法来实现。在未来，当算力变得更大的时候，很多新模型就可以由机器设计出来了。

（4）这个方法还可以有效地应用于强化学习，在虚拟世界里自动生成大量的数据，使得大数据思维在虚拟世界里能得到非常好的实现。我们可以通过定义场景，并在虚拟世界中最大化地利用数据，从而在简单的场景里开发更多有效的算法和模型。

但是除此之外，机器学习还存在着几个方面的困境。

第一个困境是鲁棒性不强，比如存在对抗样本（Adversarial Example）。实际上，这也说明我们现在的模型训练方法和模型本身的构造都存在一些问题。

第二个困境是模型的自适应性不强。如果我们将在一个数据集上训练出来的模型用到另外一个数据集上，其效果就会减弱。比如，如果训练图像是在室内拍摄的，那么当我们把训练出的模型应用于室外图像分类任务时，就可能出现很多错误。而在实际任务中（比如图像分类任务），人对不确定性的适应能力会明显高于机器。现在，很多复杂应用场景都具有不确定性，这就让 AI 能力受到了限制。如果对于不同的特定场景，我们建立了定制化的训练数据集来训练模型，那么模型在通用性方面的效果则是比较差的。

第三个困境是任务可扩展性不强。比如，从一个任务"会下围棋"到另一个任务"会打 Dota 游戏"，两者之间存在着一个很大的鸿沟，机器不能用相似的模型和方法把整个过程全都代替。对人而言，我们可以想象人脑是一个通用模型，只要有足够多的训练时间，它就能处理非常多的不同的任务。但是对于机器来说，这是不可行的。

我们相信，现在的很多问题在未来都会慢慢得到解决。比如，复杂场景中的简单任务问题，它可能需要向量表示与多元数据相融合的技术，以及从虚拟到现实的迁移能力。这样一些比较复杂的场景，比如让无人汽车或机器人在一些特定环境中执行任务，就可能会变得更加容易实现。这些任务需要我们在给定一些复杂输入信号时做简单的输出。无人汽车融合不同传感器的输入，输入信号相对复杂，但是输出只是方向盘的角度和刹车力度，这就是在复杂场景中执行简单任务的例子。无人汽车的复杂场景输入限制了目前机器学习的效果，特别是处理罕见情况的能力不足，同时，也存在小数据学习的问题，目前也有人在研究这方面的问题，但是研究还处于早期阶段，我们相信未来会有越来越有效的方法出现。现在也有一些研究人员尝试从理论上分析这些问题，如果有了理论指导，今后我们就可以更好地解决这些问题。

第四个困境是，无法构造出可以"理解"世界的模型，比如，构造通用自然语言处理（Natural Language Processing，NLP）的能力。虽然无人汽车的应用场景比较复杂，但是无人汽车是在执行一个可以清晰定义的单一任务。而构造可以"理解"世界的模型，需要具有能执行不确定任务的能力，所以这是更加困难的任务。目前，对于这种能力，业界并没有好的解决方案，我们也只能期待在不远的将来会有可能实现。

综上所述，机器学习发展到现在，其实还远不能解决所有的问题。我们还有很多新的问题要去解决，还有很多新的方向有待探索。只有不断提出新的方法，并积极解决上述问题，我们才能够真正扩大机器学习的适用范围。

3.2　机器学习的前沿进展

这一节我们介绍机器学习的三个前沿发展方向及进展情况，这三个方向分别是复杂模型、表示学习和自动机器学习。

3.2.1　复杂模型

复杂模型在将来的发展趋势将围绕如下几方面：一是由浅层网络向深层网络发展，目前，学术界已经有一些理论研究支持深层网络结构，它可以进一步指导对复杂模型的深层网络结构的构造；二是将传统的全连接层（Fully Connection）网络延展到局部模型（Local Model），其中包括时间序列模型、图像和空间数据（Spatial Data）模型等一系列模型；三是从局部模型扩展到全局模型。

1. 由浅层网络向深层网络发展的复杂模型

最浅层的模型就是传统的线性模型，包括统计学里的线性回归模型等。这些模型把我们给定的输入（input）通过线性组合的方式，形成一个模型输出（output）。但是，线性模型存在的一个问题是，很多实际问题不能用线性函数很好地近似。对此，业界有两种解决方案：一种是在实际问题中，将特征做一些非线性的运算处理，比如对输入特征进行平方运算；另外一种是直接学习一些有效的非线性特征。

神经网络是模型学习非线性特征的一种方法。浅层神经网络需要一个宽的隐含层（Wide Hidden Layer）。我们通过网络结构学习数据集的特征，这些特征被存储在神经网络的结构和参数中。和人为给定特征不一样，这里所有的特征都是通过神经网络学习到的。相比于线性网络（没有隐含层），只有一个隐含层的神经网络的优势是万能近似（Universal Approximation）。也就是说，有一个隐含层的神经网络足以表示所有的函数，而线性模型是不能表示所有函数的。

那么我们为什么要用多层模型呢？多层模型就是含有多个隐含层的深度神经网络（Deep Neural Network，DNN），而对这些 DNN 的研究，就是深度学习（Deep Learning）。

理论上关于深度学习的优势，业界给出的主要解释是，多层网络可以更加简练地表示一些比较复杂的函数。虽然这些函数可以用两层网络来表示，但是这些表示可能不够简练。比如，我们想用只有一个隐含层的神经网络表示复杂函数，那么就需要指数级数目的神经元，但是如果用 DNN 来表示的话，则只需要多项式级别的神经元。到目前为止，这个领域还是一个非常活跃的研究热点，因为它对理解深度表示是非常关键的。如果能够在理论上把这个问题研究透彻，就可以转而对实践进行指导。

除上述的理论解释外，大多数从业者还可以通过多层网络学习的特征来更加直观地理解深度网络的作用。这些特征在图像上看是比较清晰的。从 CNN 的隐含层来看，离输入层近的隐含层提取到的特征是图像的边；再往上层走，网络就会把边进行组合，组合之后的特征就会变成更加复杂的局部组合特征；最后，在再往上的隐含层中，局部组合特征变成更完整的高级特征，比如人脸识别任务，靠近输出的隐含层会学习到比较完整的人脸特征。所以，深度网络是从浅层到深层构造越来越复杂、越来越抽象的高级特征。这种逐级构造特征的方式和人脑视觉处理模块的工作原理是非常相似的。人的视觉皮层也分为 V1、V2、V3、V4 多个层级，人脑对视觉处理的过程也是从简单到复杂的。所以，深度学习模型与人脑理解图像的方式有很强的相关性。

深度网络在特征表示上有极大的优势，之前没有被广泛应用的其中一个原因是数据不够多、算力不够大，另一个原因是深度网络训练起来非常困难。为了解决深度网络难以训练的问题，研究者提出了一系列的训练技巧。其中一个训练技巧是 Dropout，另一个训练技巧是归一化，比如批量正则化（Batch Normalization）。这些方法直到现在都还是研究者常用的训练技巧，但是对批量正则化原理的分析，学术界至今都还没能提出一个特别令人信服的解释。最早的解释是，批量正则化可以有效改善内部协变量偏移（Internal Covariate Shift），但后来的实验发现，实际上协变量偏移并没有那么多。于是，有研究者提出了一些其他解释，比如增加平滑度，等等。总体来讲，对批量正则化原理的解释，目前学术界仍没有定论。今后，深入研究这些技巧背后的理论支撑，仍然是很有必要的。

降低深度网络训练难度的一个非常重要的技巧是使用残差网络（Residual Network，ResNet）。它通过在两层之间引入等价连接，使得深度网络更易于优化。对于这样的连接为什么有效，学术界也提出了一些可能的解释，比如，最近的一些研究从数学层面分析了 ResNet 结构，并建立了其和微分方程的联系（感兴趣的读者可以搜索论文 *Neural Ordinary Differential Equations* ）。通过这个联系，研究者可以提出和 ResNet 结构类似，但是是从解微分方程角度来考虑的、效果可能会更好的网络。

上面介绍的技巧都是研究者从大量实验中总结出来的经验，虽然它在实践中得到了有效验证，但是有很多技巧仍需要更加完善的理论解释。

2. 复杂模型的数学理论与优化

在机器学习领域，有很多关于优化方法的研究。在早期，如果研究人员遇到非凸问题，他们就会担心目标函数在优化时陷入局部最优解。但后来有研究发现，当参数过多时，这些局部最优解往往和全局最优解相差不大。过参数化神经网络甚至可以拟合所有的训练数据，将训练错误率降到 0。

关于神经网络为什么能够拟合所有训练数据，早期的解释是，因为神经网络过参数化（Over-parametrized）了。例如，宽残差网络（Wide ResNet）使用的参数数量是训练数据的 100 倍，因此必须存在一个这种架构的神经网络，能够拟合所有训练数据。然而，这并不能说明为什么由随机初始化的一阶方法找到的神经网络能够达到最优解。

近期，有两个理论分析比较重要：一个是关于神经网络切空间核的思想，大概思路是，如果神经网络的初始化参数比较大，那么最优解会离初始值非常近，这样神经网络就可以在初始值附近由线性模型来逼近。当神经网络变得无穷宽的时候，这个线性逼近就对应一个核，也就是神经网络切空间核。利用这个核，神经网络就可以用传统凸优化方法来做分析。但是这个思想也存在一系列问题，比如，在上述分析里神经网络使用的是固定的随机特征，并没有学习更高效的特征。所以用这个思想解释非线性神经网络仍是不够全面的。

另外一个可以分析两层的过参数化神经网络的思想是，我们把隐含层看成一个在参数空间的分布，这个分布的学习过程可以用一个非线性微分方程描述。这个方法可以证明：随机梯度下降（Stochastic Gradient Descent，SGD）可以在理想的泛化误差内收敛到全局最优。这个思想和上面介绍的切空间核的思想不一样，但同样得到了业界的较高关注。这个方法能够解释为什么神经网络可以学习特征，并能够全局收敛到一个比较好的特征，而这是上面的切空间核方法无法解释的。

总体来讲，神经网络的数学理论研究现在有很好的进展，并且在下一个十年会被持续推进，而且笔者认为，将来会有一系列比较好的理论出现，它们能够进一步指导相关的实践工作。如早期的支持向量机（Support Vector Machine，SVM）、Boosting 模型和凸优化方法等，正是因为有一系列的相关理论可以用来指导实践，才最终获得了令人满意的结果。深度学习领域目前还没有这样的情况出现，不过已经发展到了一个"点"——可以让理论在不久的将来赶上实践，最后将其超越。

3. 复杂模型的几何结构发展

模型研究的一个方向是 DNN——减少参数数量并降低网络计算的复杂度。在图像方面，利用数据结构的典型代表是卷积神经网络（Convolutional Neural Network，CNN）；在时序数据上，比较著名的代表就是循环神经网络（Recurrent Neural Network，RNN）、长短期记忆（Long Short-Term Memory，LSTM）网络；在图形上，比较著名的代表是图神经网络（Graph Neural Network，GNN）。利用几何结构或数据结构，我们可以设计有针对性的网络来降低复杂度。

CNN 就是处理空间数据的有效几何结构，能让一些相同的计算单元作用到不同的空间点上，并共享相同的模型参数。RNN 通过隐含层来表示计算单元结构，并且同一结构在不同时间可以重复使用，因为不同时间点上的变换参数是一样的，这样就产生了一个参数共享的机制，可以大大减少参数量。由于 RNN 隐含层只能记住近期的状态，因此 LSTM 网络被提出，它主要用来解决 RNN 时间序列衰减及不能记住长期历史信息的问题。LSTM 网络利用控制门的方式，可以让信息衰减得更慢。另外，GNN 也是目前一个比较重要的研究方向，GNN 的结构类似 CNN，即在不同的节点上通过共享参数把相邻节点的信息逐层聚合。虽然每层网络只聚合相邻节点的信息，但随着层数的增多，聚合的信息就会越来越多。

目前更加高效的生成长距离依赖关系的方法是 Attention（注意力）机制。它的本质是从整体信息中找出重点关注的信息，把有限的注意力集中在重点信息上，这样可以节省资源，更高效地获得最有效的信息。举一个例子，机器翻译（Machine Translation）的输出词可以通过 Attention 机制连接到相对应的输入词，这是一个全局的模型。Attention 机制在 NLP 领域（特别是在机器翻译领域）里有着广泛的应用，是目前最成功的对长距离依赖建模的方法。

另外一个 NLP 领域里的非常重要的工作是 Google 发表的一篇论文 *Attention is All You Need* 里提出的 Transformer 模型。传统的序列分析，比如机器翻译，用到了类似于 RNN、LSTM 网络这样的局部模型，也有基于 CNN 的模型。而 Transformer 模型不一样的地方在于，只用全局的 Attention 模型就可以把机器翻译做得更好。Transformer 模型通过不断地对自身使用全局的 Self-Attention（自注意力）机制来提取更全面的信息，而这是传统的局部方法做不到的。这个结构现在应用得非常广泛，比如，句子 "the animal did not cross the street because it was too tired." 里的 "it" 指的是 "animal"；我们再看第二个句子 "the animal did not cross the street because it was too wide." 在这个句子里，"it" 指的就是 "street"，而不是 "animal"，因为只有 "street" 是 "wide" 的。这些词与词之间的关系就可以通过 Self-Attention 机制找出来。

这里简单做一个总结。首先，如何构建复杂模型，这仍然是一个活跃的研究领域。我们不仅要从理论上解释复杂的深度模型，还需要更好地解释一些相关训练技巧。如果我们可以从数学的角度给出更加深入的理论分析，那么今后就可以指导模型的构造了。其次，网络的底层几何结构和所处理的数据相关，这个方向也值得进一步研究。最后，如何构造高效的全局模型，在接下来的几年里，这个方向的研究会有更好的发展，目前以 Transformer 模型为基础的架构已经取得了巨大成功。

3.2.2 表示学习

本节我们介绍表示学习。在 NLP 领域里，表示学习主要解决的问题是，将大型稀疏向量转换为保留语义关系的低维向量。通俗来说，它可以把所有的数据变成向量（vector），也有很多研究者把向量叫作嵌入（embedding）。所以，对于表示学习来说，"嵌入" 和 "向量" 是可以互换的概念。

如果把词嵌入一个好的词向量中，即使是在一个低维空间里，我们也可以将语义相似的词聚集在一起，把语义不同的词分开。词向量在这个空间里的位置（距离和方向）可以度量它的语义。例如，在图 3.2.1[1]中，真实的词向量可视化显示了捕获的语义关系，如 Country（国家）与 Capital（首都）之间的几何关系。

关于表示学习，目前多数研究者主要是在研究稠密向量（Dense Vector）表示，今后，可能会有人研究稀疏向量（Sparse Vector）表示。但目前看来，对稠密向量表示的研究已经取得了一系列丰硕的成果。所以，在目前的研究阶段，嵌入和稠密向量是两个非常重要的概念。嵌入得到的向量有一个重要的特性，就是具有可迁移性，我们可以在不同的机器学习任务中使用这些向量。

1. 无监督表示学习

学习嵌入的方法有很多种，包括无监督学习（Unsupervised Learning）、监督学习（Supervised Learning）和半监督学习（Semi-Supervised Learning）。我们这里主要介绍无监督表示学习。传统的无监督表示学习方法有 Word2Vec（Word to Vector，词到向量）方法和自编码器（Autoencoder）方法。Word2Vec 方法根据上下文之间的出现关系训练词向量，有 Skip-Gram（跳字）模型和 CBOW（Continuous Bag-Of-Word，连续词袋）模型两种训练模式。其中，Skip-Gram 模型根据目标单词预测上下文，而 CBOW 模型则根据上下文预测目标单词，最后再使用模型中的部分参数作为词向量。之后，学术界又发展出基于上下文的嵌入（Context Word Embedding）模型，其代表模型有 CoVe（Context Vectors，上下文矢量）模型和 ELMo（Embeddings from Language Model，语言嵌入模型）。近期，在学术界较为流行的方法是预训练模型，以 GPT（Generative Pre-Training，生成式预训练）模型和 BERT（Bi-directional Encoder Representations from Transformer，来自 Transformer 模型的双向编码器表示）模型为代表，它们都是由 Transformer 模型衍生出来的。GPT 模型其实是把 Transformer 模型里的编码部分去掉，只利用解码器来训练大语言模型，这属于无监督学习，而 BERT 模型是可以利用双向相关信息的无监督表示学习。

---

1. 图来自 Google Developer 的机器学习入门课程。

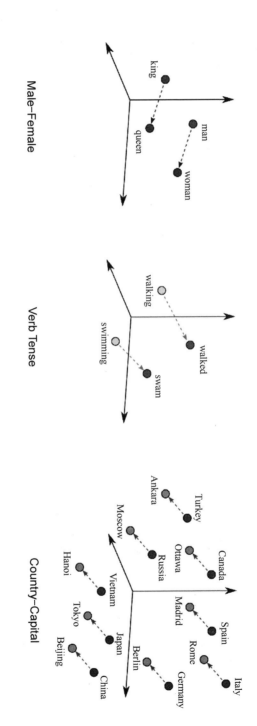

图 3.2.1

在早期，自编码器是一种学习向量表示的方法，其核心思想是，在处理数据时希望从数据 x 映射到 x' 的过程，中间通过一个低维隐含层 z 作为向量表示。也就是说，把 x 变成嵌入的向量 z（即表示学习中的向量），这个过程我们称之为编码（Encode），然后再转回 x'，即解码（Decode）。我们的目标是，这个低维表示向量 z 可以通过解码得到一个非常接近 x 的 x'。这就是自编码器、噪声自编码器（Noising Autoencoder）等表示学习方法的思想。这个方法要求 z 的维度比 x 低，比如，x 原来是 10000 维的，如果使用这个方法，就需要将 x 设定为 100 维，因此，这个低维表示就形成了所谓的瓶颈。在这种情况下，我们做不到完全精确表示，因为 10000 维的向量不可能用 100 维的向量完美表示，所以用 x' 预测 x 会有精度损失，而我们当然希望精度损失越少越好。从另外一个角度看，这是一个利用非线性重建来推广传统线性 PCA（Principal Components Analysis，主成分分析）的非线性降维方法。

在自编码器被提出之后，研究人员纷纷开始进行相关优化改进。一个较有代表性的改进工作是 VAE（Variational Auto-Encoder，变分自编码器）。VAE 是自编码器的升级版本，其结构和自编码器类似，也由编码器和解码器构成。首先，在自编码器中，我们需要输入一张图片，并对图片进行编码，以此得到包含原图片信息的隐向量。然后，通过解码隐向量，得到与原图片对应的图片。但是这种方法不便于生成任意图片，因为我们没有办法自己构造隐向量，而是需要在对一张输入图片编码后，才能得到隐向量。但是，VAE 可以解决这个问题。VAE 通过对编码器添加约束，强迫它产生服从单位高斯分布的潜在变量，在生成图片的时候只需要从高斯分布中采样得到一个潜在变量，然后将其送入解码器进行解码，就能得到有意义的输出。VAE 有很好的数学模型。它的潜在向量（Latent Vector）服从一个概率模型（Probability Model）分布，而观测到的数据是一个基于潜在向量的混合模型（Mixture Model）。从数学的角度来说，VAE 可以直接写成编码器、解码器的形式，但中间要加上噪声。在加了噪声以后，这一行为就等价于构造一个混合概率模型。

Word2Vec 的预测问题是用词重建它附近的词，这样可以更有效地避免只学习自己到自己的恒等映射，学习这种映射是没有价值的。也就是说，我们要用一部分观测量预测其他的观测量，这种方式也被称为多视角预测（Multi-View Prediction）。在学术界，以前也有对多视角预测的研究，即把数据拆成两个视角，用其中一个视角预测另外一个视角，因此模型不是自己预测自己，而是用一部分的自己预测另外一部分的自己，这样得到的表示结果非常好。自从 Word2Vec 出现以后，多视角预测就成为 NLP 任务中词嵌入（Word Embedding）的一个基石，因为它可以处理下游任务，比如情感分析、命名实体识别和机器翻译等一系列问题。

接下来，我们介绍与上下文有关的词嵌入，这是近几年一个比较重要的研究领域，以前已取得了巨大的成功。在 NLP 领域里，一个比较重要的工作是 OpenAI 的 GPT 语言模型，该模型用到了 Transformer 模型的结构。虽然它在模型的结构方面没有创新，但有两点是非常值得一提的：第一，这个语言模型可以生成更好的文本，这是因为在使用了 Attention 机制之后，该模型可以更有效地利用全局信息；第二，除了语言模型，生成的词嵌入也更加高效，同时，GPT 模型生成的词嵌入也可以用在其他任务上。

在 NLP 领域里，最有影响力的预训练模型是 BERT 模型，它实际上就是基于无监督训练的 Transformer 模型。BERT 模型与 GPT 模型的不同之处在于，它可以利用双向信息，而 GPT 模型只用了目标位置之前的信息。BERT 模型同样使用了 Transformer 模型的结构和 Self-Attention 机制，所以能够得到更好的表示。但是它也存在一个问题，就是它使用所谓的掩码语言模型（Masked Language Model，有点像词嵌入中的 Word2Vec），也就是用一些词去预测周围被遮掩的词，而不是用这些词预测自己。这样的话，在模型训练和部署时，其表现是不一致的。现在也有很多人在研究这个问题的解决方法。

总结来看，自然语言表示学习目前的发展趋势是从 LSTM 网络到 Transformer 模型。基于 Transformer 模型的架构，用无监督预训练来获取上下文信息可以有不同的方式，既包括单向的 GPT 模型，也包括双向的 BERT 模型。

BERT 模型的使用使得一般的 NLP 问题更加简单，因为它把原来的句子换成了它所包含的词对应的向量，而这些表示都是可以预先训练出来的。BERT 模型通过无监督学习得到一个可以关注上下文信息的向量表示，然后再去做下游任务，这样就大大简化了 NLP 的流程，这是一个普适的办法。BERT 模型之所以有如此巨大的影响，是因为在一系列 NLP 任务中，它取得了非常大的突破，之后的领先系统全都是基于 BERT 模型的，或者是加上了一些其他方法的结果。

2．针对小样本的表示学习

接下来，我们介绍针对小样本学习的表示学习。以小样本分类（Few-Shot Classification）为例，如果我们已经有了一个训练好的 50 类分类器，接下来，要添加两个新的分类，如果这两个新分类只有很少的训练样本，我们应该怎么办？表示学习是解决这个问题的一个思路。我们可以让这两个新分类在 50 类分类器学习到的表示里面学习，这样就可以让学习变得更加简单。比如，一个工作是利用向量方法构建原型网络（Prototypical Network），其思路是，每个类别都存在一个原型表达，该表达是这类数据在向量空间里的均值。这样，分类问题就变成了找向量空间中的最近邻问题。它与匹配网络的不同之处在于，我们的类别只用属于这一类样本的向量中心来表示。比如，我们找了 5 个点，这 5 个点在向量上做一个平均，就变成了中心。在原型网络中，新来的样本与哪一个中心离得近，就把它归到对应的类别里。

综上所述，对于表示学习，非常重要的一点是在可迁移和可变场景中，我们需要有一个非常好的表示，它在不同的场景中是不变的，这能大大提高模型的训练能力。

3.2.3　自动机器学习

自动机器学习（Automated Machine Learning，AutoML）利用了大算力来自动搜索机器学习算法参数，这在一定程度上取代了人的工作，Google 在这方面做出了很多开创性的工作。

广义的 AutoML 将整个机器学习的流程自动化，包括数据增强、特征工程、优化过程、超参数调优，以及网络结构设计等。本节我们要介绍的只是其中的一小部分——关于神经网络架构搜索的前沿进展。

1. 神经网络架构搜索的意义和原理

神经网络架构搜索是指利用机器搜索到合适的神经网络结构，这些机器设计出的神经网络甚至比人设计出来的网络效果还要好。如果相比于人力，算力不是那么昂贵的话，我们就可以用大算力取代人工，从而构造出更好的网络。而且这个技术已经逐渐应用到了一些任务中，从早期的图像分类到后来的检测、语言模型等任务。AutoML 虽然在很多任务上取得了很好的结果，但现在还是需要人为干预的，所以它并不是一个全自动过程。

神经网络架构搜索的原理是，给定一个被称为搜索空间的候选神经网络结构集合，用某种策略从中搜索出最优网络结构。神经网络结构的优劣，即性能用某些指标（如精度、速度）来度量，这称为性能评估。在搜索过程的每次迭代中，从搜索空间产生"样本"即得到一个神经网络结构，称为子网络。我们在训练样本集上训练子网络，然后在验证集上评估其性能，并逐步优化网络结构，直至找到最优的子网络。

2. 神经网络架构搜索空间的设计

在神经网络架构搜索的使用中，首要任务是人工设计一个适合于任务的搜索空间，包括对一些模板（template）的定义，并让机器能够在模板里进行自动搜索。另外，搜索算法涉及强化学习（Reinforcement Learning）、演化学习（Evolutionary Learning）、连续松弛（Continuous Relaxation）等一系列方法。目前，这些方法都不是特别的完备，都各有各的问题。比如，强化学习的运算成本太昂贵，而一些比较新的方法，如连续松弛，搜索结果也不是很精确，有时候还很不稳定，所以未来搜索算法还有很大的研究空间。

这个概念，最早是由 Google 的一篇题为 *Neural Architecture Search with Reinforcement Learning* 的论文提出的。这篇论文提出了利用强化学习来设计神经网络结构的 NAS（Neural Architecture Search，神经架构搜索）方法。我们可以定义一个在网络搜索空间上的概率度量，并令控制器以概率 P 抽取一个网络结构 A，然后训练具有 A 网络结构的神经网络，并评估其性能 R，最后再返回控制器。这样控制器就可以知道哪个网络结构好、哪个网络结构不好，然后通过强化学习方法来做更新，最后在此基础上生成下一个网络结构。

网络搜索空间的设计是逐层的，而每一层都有几个可能的参数，比如 CNN 的参数就包括滤波器的高度和宽度、步长及滤波器个数，等等。当这些参数被定义之后，就能形成一个可搜索的空间。如果网络有 10 层，其中每层都是由 5 个参数设计出来的，那么网络一共就有 50 个参数。在生成整个参数序列之后，我们才可以进行效果评估。这篇论文对 1 万多个架构进行了采样，而 GPU 计算时长需要上万小时，计算量十分庞大。之后，Google 又提出了改进 NAS 效率的 eNAS（efficient Neural Architecture Search）方法，该方法比 NAS 的运算速度快了很多倍。另外，eNAS 设计了一个基于单元搜索的很有意思的搜索空间，并提出了参数共享（Parameter Sharing）的概念。参数共享这个概念是指，通过在各网络之间共享权重来减少计算量，因为每个子网络不需要从头开始训练，可以极大地提高搜索速度。

上面提到，网络搜索空间的设计是逐层的，而每层的设计则包括了节点和很多可能的连接，恒等连接借鉴了 ResNet。举例来说，5×5 卷积核和恒等映射合起来就可以连接两个不同的节点。具体定义子结构中节点之间的连接就可以形成一个网络架构，每个架构都有自己要学习的模型参数，在搜索时我们需要不停地对架构采样，然后在对模型真正做训练的时候，我们训练的是模型参数。因此，NAS 算法的思路就是首先对模型进行采样，然后再更新模型参数，最后依据对模型的评价来改变对模型采样的策略。所以，在训练时，我们一方面需要改变模型采样策略，另一方面需要改变模型参数。因为是共享参数，所以该方法可以不停地用随机梯度进行更新，且每次都不需要完整的训练，因而算法优化得更快。和最早期的 eNAS 相比，这个方法可以更加高效地搜索。

3. 神经网络架构搜索的优化

在 NAS 提出之后，运算速度慢、搜索不连续等问题依然存在，因此研究人员纷纷开始寻找优化它的方法，其中一个工作是连续松弛。举例来说，可微架构搜索（Differentiable Architecture Search，DARTS）是卡耐基梅隆大学的工作，它做了连续松弛，也用到了参数共享。参数共享能让它的训练速度更快，eNAS 是通过离散架构搜索的连续松弛做模型训练的。这里也利用了单元（cell），我们对单元里的连接做加权平均（Weight Average），再把输出加权求和，这就可以实现将离散问题连续化的目的。在连续化的基础上，我们进行搜索，包括对架构连接权重的训练和模型参数的训练。

最后，我们介绍 EfficientNet（出自论文 *EfficientNet: Rethinking Model Scaling for Convolutional Neural Networks*），这篇论文的思想和我们之前提到的网络深度和宽度有关。回溯到理论上，这篇论文发现最理想的网络结构不是单独增加网络宽度，也不是单独增加网络深度，而是同时增加这两个参数。EfficientNet 利用这个思想做了一系列模型，即让网络的两边同时变宽变深，这样就能得到一系列不同大小的模型，从而构成一个帕累托前沿（Pareto Front）。在这一系列模型中，EfficientNet-B0 是基础模型，它的参数量是百万级的，而参数量最高的 EfficientNet-B7 模型和 EfficientNet-B8 模型则是亿级的参数量。参数越多，模型的分类精度就越高。这一系列网络对比其他类似大小的网络，在 ImageNet 数据集上得到的准确率是非常好的。

总而言之，我们可以看到，很多关于模型设计的最新进展中都或多或少地用到了一些和神经网络搜索有关的技术。目前，这个技术还不是全自动的，其中搜索空间的设计，包括 EfficientNet 的设计，都需要人工完成。另外，搜索效果好的网络还是需要巨大的算力。所以，目前对这个领域的研究还是 Google 这些公司在做，因为它们有很强的算力资源。

第4章

自然语言理解概述及主流任务

宋 彦

香港中文大学（深圳）数据科学学院副教授

创新工场大湾区研究院首席科学家

4.1 自然语言理解概述

自然语言理解是一个相对庞大的概念，包括对语言分析的方方面面。有人将自然语言理解描述成"人工智能皇冠上的明珠"，这个说法不无道理。因为人类语言存在复杂性、随机性，从阿兰·图灵的时代开始，利用计算机处理人类语言就被设想为 AI 的一个终极梦想。随着 NLP 领域 70 年来的发展，对于如何理解自然语言，已经出现了一系列的相应任务和不同层面的定义。因此，从研究角度出发，我们可以认为自然语言理解是一系列由基础任务定义的自然语言处理方法的集合，下面的介绍也基于这样的背景。

当下，为了能够在神经网络中操作文本，我们首先要对词、短语、句子、文本等进行编码，让这些文本实现"向量化"：词向量、句向量，或者类似预训练模型等可以产出向量的模型系统，以实现数值表示与现实概念的映射。以"苹果"这个词为例，它可以表示一种水果，也可以代表一个公司品牌，存在多种意义。如果将这个词放入"苹果确认了 12 月收购 Shazam 的计划……"这样一句话中，我们就能确认这里的"苹果"是指"苹果公司"。由于表达水果和表达品牌的向量完全不一样，因此对于某个文本，采用合理的向量表达可以认为是做好自然语言理解的第一步[1]。

4.2 NLP 主流任务

有了好的文本表达，接下来就是通过一些基础 NLP 任务进行不同层面和角度的语言分析及处理。这些任务包括中文分词、词性标注、命名实体识别、句法分析、指代消解、文本分类、关键词（短语）的抽取与生成、文本摘要、情感分析等。这些名称都很直观地反映了各个任务的功能，例如，词性标注是指将每个词承担句法任务的功能标记出来，命名实体识别是指将文本中的命名实体（即人名、地名和机构名等）识别出来。对于中文及其他类似的无天然词分隔符的语言而言，还有一个特殊的任务是分词，即将一句话中的词语以符合整句语义表达的方式切分开来。考虑到一般句子中可能存在的歧义性，因此分词也是一项既基础又有挑战性的任务。本节我们挑选上述任务中的六项为读者进行详细阐述。

4.2.1 中文分词

分词是中文信息处理中必不可少的第一步。例如，对于文本"今天是星期一"，我们要把它切分为"今天""是""星期一"三个词。

语言歧义和未登录词是分词任务面临的巨大挑战。举一个典型的例子，"他从小学电脑"和"他从小学毕业"两句话，虽然它们都有"从小学"三个字，但是在不同句子中，这三个字的正确切分方法完全不同。最初的主流分词方法是基于词典的方法，如最大正向匹配法——从左到右遍历文本，按照与词典匹配的最长词进行切分。然而，这种方法高度依赖词典的质量，可能面临词典覆盖率不足、需要不断更新词典、维护成本高等问题。

后来，基于字的分词方法[2]逐步兴起，该方法已成为最主流的分词方法。该方法把分词视为一个针对字的序列标注任务：对于每一个字预测一个分词标签，"B"表示该字是一个词的词首，"I"表示该字在一个词中间，"E"表示该字是一个词的词尾，"S"表示该字是一个独字词。例如，"差强人意"中每个字的分词标签依次为"B""I""I""E"。通过对大量训练数据上的不同汉字赋予这样的标签，便可以得到它们在构词过程中可能承担的角色，进而通过可能的标签组合完成分词。在此方法的基础上，利用各类上下文特征对子标签进行改进的方案在后续不断涌现[3]，但这种方法往往需要人工设计大量的特征，成本较高。

近年来，由于基于神经网络的分词方法［如 BiLSTM（Bidirectional Long Short-Term Memory，双向长短期记忆）］对上下文信息建模的能力强大，使得模型的性能在不依赖词典和人工设计的情况下依然可以获得极大提升[4]。然而，语言歧义及近年来大量涌现的互联网新词仍然制约着分词在具体场景下的应用。对此，一个可行的方法是借助自动抽取的词典帮助模型识别和处理歧义及新词[5]。这种自动抽取的词典通过引入新词来不断更新，从而实现对新词的正确识别和处理。同时，基于 Attention 机制的分词方法，我们可以为词典中不同的词在特定的语境下赋予不同的权重。例如，前面提到的"从小学"三个字，我们在词典中找到"从""小学""从小""学"四个词，通过对上下文进行分析，我们可以为"他从小学电脑"中的"从小"和"学"分配更高的权重，为"他从小学毕业"中的"从"和"小学"分配更高的权重。因此，模型就可以知道词典中的哪些词在特定语境下更加重要，从而正确地识别和处理歧义及新词。

4.2.2　指代消解

指代消解，可以简单定义为一种寻找文本中的实体和指代词关联关系的任务。这个关联关系主要是指名词和名词之间、名词和代词之间的关系等。怎么理解指代消解呢？举个代词指代的例子，有这样两句很有趣的句子：第一句是"小明把小李打了，他进医院了。"第二句话是"小明把小李打了，他进监狱了。"这两句话的前半句完全一样，但是后半句差别很大。当我们人类去理解这两句话的时候，很容易知道第一句和第二句的"他"分别指谁，但对于计算机来说，它很难处理及理解不同的"他"——第一个"他"指被打的人，第二个"他"指打人的人。让计算机知道"被打的人需要治疗"，往往需要补充额外背景知识，如"打人的人需要受到法律制裁"等。

指代消解的解决方案也遵循着从简单到复杂的原则。早期的方法往往需要借助句法知识，即首先获取文本的句法分析树，然后按照一定的规则在句法分析树上搜索可能的指代词和被指代词[6]。这种方法高度依赖句法分析器的性能，无法应对句法分析器出错的情况，并且局限在句子内部进行指代分析。尤其是这种方法没有引入必需的外部知识，因此对上述两个句子无能为力。随着机器学习的发展，基于特征的方法逐渐涌现，这类方法大都通过人工设计大量的特征，并使用决策树等机器学习方法进行指代消解[7]。由于对知识高度依赖，这方面的工作直到前几年还依然依靠人工完成，大约到了 2017 年业界才开始使用基于深度学习的端到端（end-to-end）的方法[8]。

通常来说，指代消解可以认为是一个寻找候选词，以及对候选词进行分类（打分）的任务，模型一般通过在可能的候选词上进行进一步选择来实现连接指代词和被指代词之间的关系。当前的主流方法更多的是在端到端的模型基础上加入知识表征，如使用专门的 Attention 机制整合相关的信息（词语的语义知识等），从而帮助模型识别和处理正确的指代关系[9]。

4.2.3　文本分类

文本分类是一个非常典型的自然语言理解任务，很多 NLP 任务都直接或者间接地在进行基于文本的分类，如意图识别、情感分析等。这里我们谈到的文本分类更多的是指将文本按照主题进行分类。在当前深度学习的大环境下，文本分类几乎已经全面使用了神经网络，从早期的一般性 DNN 到 CNN，再到 LSTM 网络等，越来越复杂但有效的模型被应用在文本分类任务上，人们发现它们确实比传统方法的效果更好。我们在使用神经网络时，可以更少地依赖于人工特征选择，让神经网络自动提取需要的特征和学习模型参数。近年来基于文本分类的神经网络模型体现出了在深度和参数规模上显著增加的趋势。

如图 4.2.1 所示，从 2015 年的两三层结构（图 4.2.1（a））[10]，到 2017 年的十几层结构（图 4.2.1（b））[11]，文本分类任务体现出类似图像、语音领域中采用的模型层数由浅至深的特点。一般来说，NLP 标准评测任务所使用的数据量并不大，对于这些任务的数据，神经网络模型很容易过拟合，所以深度模型的效果相对来说比较受限，然而从文本分类的结果可以看出，只要我们有足够的数据支持，文本分类模型也可以像图像领域的模型一样被设计得较深，从而挖掘出更加有效的特征和对分类有帮助的信息。现今，预训练模型的流行也间接证明了文本分类模型的尺寸和深度可以通过在大规模数据上进行学习得到有效提升[12]，并且在大规模文本上的预训练可以实现对于不同语言的建模，进而帮助最终的文本分类任务。除了模型深度和尺寸的增加，推动文本分类任务发展的是对知识的融合和利用。与指代消解的情况类似，当面对分类文本本身携带的信息（如文本较短）不足以支持有效分类的时候，外部知识的引入就显得尤为重要。一般来说，Attention 机制[13]、记忆网络（Memory Network）[14]都是挖掘内部知识或者引入外部知识，并且与原始分类模型进行整合的有效手段。

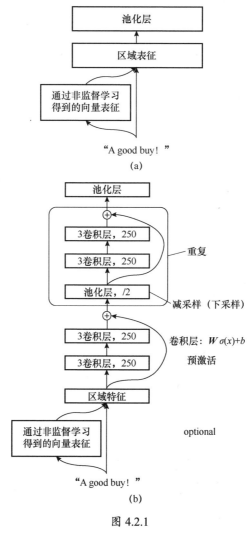

图 4.2.1

（注：（a）（b）两图均展示的是网络结构片段）

4.2.4　关键词（短语）的抽取与生成

关键词（短语）的抽取与生成任务比较有趣。很多人会问：到底怎么定义一个句子的关键词？对于不同任务，关键词的定义可能不太一样。简单来说，一个句子（文档）中的关键词（短语）可能是对句子的语义、主题具有高度概括能力的词（短语）。例如，在"今天讲座的主题是自然语言处理"这句话里，很容易找出这里面的关键词（短语），一个是"讲座"，另外一个是"自然语言处理"，二者是这句话里最重要的两个信息，分别表示了事件和内容。

顾名思义，关键词（短语）的抽取与生成的两个子任务分别是抽取和生成。抽取任务相对简单，就是由模型将关键词（短语）识别并抽取出来。通常来说，关键词抽取可以分为有监督、半监督和无监督三种方法。有监督的关键词（短语）抽取方法将问题建模成二分类问题，依赖已经标注好的训练语料，由模型判断文本中的每一个词（短语）是否为关键词。有监督方法无法有效应对语料较少的情况，这时就需要使用半监督或者无监督的方法。半监督方法一般利用已有的少量训练数据构建模型，训练好的模型对没有标注的数据进行标注和人工过滤，并将得到的关键词（短语）加入训练集，这样就可以起到扩充训练集的作用，从而重新训练模型。无监督的方法基于文本的统计特征，如词性、词频、位置信息等进行关键词（短语）抽取。

生成任务相对难一些，即输入文本里面可能不包含（也可能包含）目标关键词，模型需要生成这些关键词（短语）。由于有监督的关键词（短语）抽取方法依赖大量标注语料，而标注过程往往需要高昂的人工成本，因此很多抽取任务都采用无监督关键（词短）语抽取算法，常用的算法有 TF-IDF[15]和 TextRank[16]等。虽然现有的关键词（短语）抽取算法一般可以达到不错的效果，但是仍存在着两个很严重的问题。第一，只能从原文出现的词（短语）中抽取关键词，对于没有出现在原文中的关键词（短语），算法就无能为力了。例如在"苹果公司发布了最新版的 iPhone"这句话中，"手机"作为一个关键词却没有出现在文本中，抽取算法自然也不可能抽取到这个词。第二，常用的抽取算法大多基于词频和词语共现特征（即某两个或某几个词是否经常一起出现），忽视了文本的语义信息，而我们人类在生成关键词（短语）时往往关注于文本的深层次语义，而不是简单地依赖词语特征。例如，前面例子中的"苹果"是手机品牌而不是一种水果。

为了解决关键词（短语）抽取中存在的这两个问题，人们提出了关键词（短语）生成算法，即模拟人类进行类似活动。人类进行类似活动具体步骤是：第一步，给出一篇文章，阅读全文，人们对文章和关键内容有一个全面的理解和把握，在大脑中总结提炼出重要的信息（隐藏在大脑的某些神经元中）；第二步，根据提炼的信息，生成关键词（短语），这一步可以看成大脑中信息的显式转化。对于这两个步骤，正好有一个与之完美对应的模型——编码器–解码器（Encoder-Decoder）模型。编码器的作用是对给定的输入文本提取关键的信息，并将其转换为向量表示。该向量表示可以对应到之前提到的大脑中提炼的信息。解码器的作用是利用向量表示生成我们想要的关键词（短语）。这个架构中的编码器和解码器一般利用 RNN 来分别构建[17]。

后续的大多数研究都沿用了这一架构，以此为基础，研究者继续去探究如何在模型中加入更多的信息辅助关键词生成，如加入关键词之间的关系信息、文本的标题信息等。在这一系列工作中，还有人提出了使用 Transformer 模型作为编码器和解码器的方案[18]，研究者使用了一种跨文本 Attention 机制，使模型可以关注更多的无监督信息。对于一个给定的文本，该模型不仅会对当前文本编码，还会参考其他文本提取出与当前文本有关的信息来辅助编码，这个过程类似于人类总结关键词（短语）的过程，在看过海量的文本之后，人们可以利用相似经验，帮助当前文本生成关键词（短语）。

在实际应用中，关键词（短语）在文本摘要、情感分析、推荐系统和搜索等领域都有着非常广泛的应用。高质量的关键词（短语）有助于对文本内容进行理解，但是由于应用环境的复杂性，没有一种"放之四海而皆准"的模型可以帮助我们生成高质量的关键词（短语）。因此，关键词（短语）的抽取与生成是一个看似简单，但在具体的应用中又十分复杂的任务，需要研究者和工程人员依靠大量的经验，并根据实际任务和具体问题，对模型进行选择和组合优化。

4.2.5　文本摘要

文本摘要是指自动将文本或者文本集合转化成简短摘要的一种信息压缩技术。早期，研究人员利用句子间的内容相似度来构建输入文档里各个句子的结构，从而无监督地提取其中重要的句子作为摘要，如使用 LexRank[19] 及 TextRank 算法。虽然无监督的方法适用广泛，但存在很大的局限性，它们忽略了不同数据集的特点及对词义句意的深度理解。随着神经网络的发展，CNN、RNN、Transformer 等模型也被更好地用于编码文本。

与关键词（短语）生成类似，文本摘要也主要分为抽取式和生成式两种方法。抽取式方法是指在文本中抽取适量句子作为文本摘要，它主要将任务定义为序列标注，即对文本中每个句子分类为 0（不抽取）或 1（抽取），最终对提取出分类为 1 的句子进行重排序，形成文本摘要。一般来说，人们使用基于 RNN 的句子编码器对每个编码后的句子进行分类，同时可能使用其他附加信息帮助该分类过程，例如利用新闻的附加信息；也有研究基于图神经网络，例如图卷积网络将文本建模为图的形式，然后学习每个句子的重要度，从而进行摘要抽取[20]；当前广泛使用的 Transformer 模型以及基于它的预训练模型是对原文中每个句子进行编码，从而提升序列抽取的效果[21]。实际上，将抽取式摘要定义为序列标注问题，往往导致模型目标函数与评价准则的不匹配，同时人工制定序列标注往往需要启发式的方法，于是一些基于强化学习的方法将交叉熵损失与奖励相结合，将训练模型与策略梯度强化学习相结合，直接优化评价指标，例如，有人提出了模拟人类先粗读后精读的阅读方法，即先编码全局文本信息，然后基于全局文本信息不断抽取文本中的句子直到自动停止[22]。

生成式方法主要分为两种。一种是通过最大化似然函数训练编码器–解码器模型。其中，常用的模型有 Pointer-Generator Network[23]，它在序列到序列模型的基础上提出了在复制机制的同时建模覆盖率，即每次在解码生成的阶段，利用一个软选择机制选择从原文本中复制一个词或者生成一个词典中已有的词。这种处理方式能够很好地解决未登录词的问题，同时也能有效解决生成式摘要模型在生成过程中生成事实性错误的问题。

除此之外，还有研究者提出了解码器内的 Attention 机制，并研究用强化学习优化 ROUGE（Recall-Oriented Understudy for Gisting Evaluation，评估摘要的最常用自动度量）来代替最大似然训练[24]；为了更有效地控制生成过程，还有先抽取部分文本，再进行生成（改写）的方法[25]，这个方法不仅结合了生成式方法与抽取式方法的优点，而且加速了摘要生成过程。

总的来说，对于两种文本摘要方法，抽取式的方法往往具有高效的特点，它保留了原文中的实体信息，很少出现事实性错误和实体乱用的情况，但它同时也缺乏灵活性，抽取的句子与句子之间的连贯性较差。生成式方法具有一定的灵活性，但速度相对较慢，偶尔会出现事实性错误和"张冠李戴"的问题。

4.2.6 情感分析

情感分析是一个特别有趣的自然语言理解任务，因为我们知道文本不但携带语义信息，而且在很多时候还带着情感上的某种倾向，因此情感分析可以帮助人们自动进行这种情感倾向的判别。在早期，情感分析多数采用基于情感词典的方法[26]，该方法通过提供类似"好""坏""大""小""快""慢""昂贵""便宜"等反映情感倾向的形容词，帮助机器自动学习和判断一句话的情感倾向。但是这种方法存在的问题是覆盖范围受限。一方面，表达情感的方式多种多样，在一般情况下我们很难做到可以构建非常全面的情感辞典。另一方面，如果仅通过情感词典来做判断，往往句中的文本依赖关系无法建模，如使用否定词与其他情感词组合，如"不便宜"，情感词典中可能只有"便宜"而没有"不便宜"，这时反向的情感关系可能就很难识别。前面讲到文本分类随着深度学习和神经网络的发展得到了很大程度的进步，情感分析作为类似的分类任务也随着神经网络的发展得到了快速发展，如基于 CNN[27]和 LSTM 网络[28]的方法，在情感分析里也被大规模地使用起来。

　　然而，除了一般性地针对整段或整句进行情感分类，在很多时候人们需要的是更加细致地对一段文本中的情感进行分析。如果使用一般性的文本分类，则很难做到对每个方面的情感进行描述。针对这个挑战，细粒度情感分析逐渐成为该领域的研究重点。我们举一个具体的例子："这家餐厅的牛排不错但是服务实在是太差了。"这条点评包含了两个评论对象："牛排""服务"。这条点评基于"牛排"的态度是积极的，但是基于"服务"的态度却是消极的。抽取一条点评的不同评论对象，并确定对每一个评论对象的情感极性，是这个任务的两个最大挑战。对应这两个挑战，目前细粒度情感分析主要分为评论对象抽取、评论对象情感分类这两大子任务，尤其以第二个子任务作为整个研究的焦点。同时，基于这两个子任务之间的耦合关系，在已有的工作中，人们也探索了联合学习这两个子任务，在抽取评论目标的同时判定评论目标的情感分类，并进行端到端的细粒度情感分析。

　　目前，大多数针对评论对象的情感分类的研究是将这个问题抽象成一个多分类问题，并用深度学习的方法建模并解决这个问题。大多数研究将输入文本（如上面例子中的"这家餐厅的牛排不错但是服务实在是太差了。"）及该文本中的其中一个评论对象（如"牛排"）组成双文本组，并用深度学习的模型建模输入文本整体，以及通过其中的词语与评论目标在语义和结构上的关系得到双文本的表达向量，进而识别最终的情感极性（积极、消极或中性）[29]。相较于传统的机器学习方法以及基于词典的方法，基于深度学习的方法不需要人工构造特征，并且能更有效地对文本建模，尤其是目前广泛使用预训练模型作为底层编码器，进一步推动了细粒度情感分析的研究。与其他研究类似，情感分析在很多时候也需要引入额外的知识。近两年，一些前沿的工作通过引入依存句法知识，帮助模型更准确地建模输入文本，以及评论目标语义上的联系[30]。

　　评论对象抽取、端到端的细粒度情感分析的联合任务通常被抽象成序列标注的任务。在针对评论对象抽取的标注模式中，每个词语都有一个包含位置和是不是评论目标的标签（B/I/E/S/O，分别表示该位置是不是一个词语的开始、中间、结束，或者单独成词，以及非评论目标），端到端的联合任务则在这个标签的基础上为每一个评论目标的词语加入额外情感标签（POS/NEG/NEU，分别表示正向情感、负向情感以及中性情感）。例如，在"这家餐厅的牛排不错但是服务实在是太差了。"这个句子中，"牛"和"排"的标签依次为"B-POS"和"E-POS"，"服"和"务"的标签依次为"B-NEG"和"E-NEG"，其余所有字的标签都为"O"。与前述细粒度情感分析类似，端到端的细粒度情感分析也可以使用外部知识，如使用句法知识帮助两个任务联合得到更好的结果[31]。

通过对上述几个典型任务的介绍，我们不难发现，目前自然语言理解和神经网络已经深度集成。首先，神经网络在某种程度上已经超越了传统模型，一些新的模型和算法，如 Transformer 模型、Attention 机制等在 NLP 领域取得了巨大成功；其次，自然语言理解总体上比以前面临的挑战更大，更多丰富的场景也对 NLP 建模及应用提出了更高要求，同时任务驱动模态也变得多元化，很多任务既需要语音输入，还需要图像输入，这也使我们对数据的要求更高了。最后，大规模的数据驱动方法进一步成为当前自然语言理解（及生成）的核心，例如，BERT 等预训练模型的广泛使用，使得当前对硬件和计算能力的需求大幅增加，如何应对这样的挑战也成为当前学界和工业界更为关注的焦点。

关于自然语言理解的未来发展方向，可以总结为三个方面：第一，随着模态的融合及其他领域的机器学习方法的进步，这些因素会对自然语言理解的方法产生更大的影响，进而推动 NLP 的进步；第二，与图像和语音相比，自然语言理解更靠后端，因此后端如何实现与前端的有效衔接、如何将研究转化至应用、如何结合不同领域乃至在数据较稀缺的情况下进行有效理解，将是未来发展的一大方向；第三，如何真正实现自然语言理解，针对这一难题，研究人员直到现在依然在寻找答案，或许未来会有更好的途径帮助计算机实现真正类似于人的自然语言理解能力，这也是 NLP 乃至 AI 发展的源动力。

本章参考文献

[1] 推荐读者自行查阅相关论文 Distributed Representation of Words and Phrases and Their Compositionality, Learning Word Representations with Regularization from Prior Knowledge, Directional Skip-Gram: Explicitly Distinguishing Left and Right Context for Word Embeddings 等。

[2] Nianwen Xue, Libin Shen. Chinese Word Segmentation as LMR Tagging. Proceedings of the 2nd SIGHAN Workshop on Chinese Language Processing. 2003.

[3] Huihsin Tseng, Pichuan Chang, Galen Andrew, et al. A Conditional Random Field Word Segmenter for Sighan Bakeoff 2005. Proceedings of the fourth SIGHAN Workshop on Chinese Language Processing. 2005.

[4] Xinchi Chen, Xipeng Qiu, Chenxi Zhu, et al. Long Short-Term Memory Neural Networks for Chinese Word Segmentation. Proceedings of the 2015 Conference on Empirical Methods in Natural Language Processing. 2015.

[5] Yuanhe Tian, Yan Song, Fei Xia, et al. Improving Chinese Word Segmentation with Wordhood Memory Networks. Proceedings of the 58th Annual Meeting of the Association for Computational Linguistics. 2020.

[6] Jerry R. Hobbs., Resolving Pronoun References. Lingua. 1978.

[7] Vincent Ng, Claire Cardie. Identifying Anaphoric and Non-Anaphoric Noun Phrases to Improve Coreference Resolution. Proceedings of The 19th International Conference on Computational Linguistics. 2002.

[8] Kenton Lee, Luheng He, Mike Lewis, et al. End-to-End Neural Coreference Resolution. Proceedings of the 2017 Conference on Empirical Methods in Natural Language Processing. 2017.

[9] Hongming Zhang, Yan Song, Yangqiu Song, et al. Knowledge-aware Pronoun Coreference

Resolution. Proceedings of the 57th Annual Meeting of the Association for Computational Linguistics. 2019.

[10] Rie Johnson, Tong Zhang. Effective Use of Word Order for Text Categorization with Convolutional Neural Networks. Proceedings of the 2015 Conference of the North American Chapter of the Association for Computational Linguistics: Human Language Technologies. 2015.

[11] Rie Johnson, Tong Zhang. Deep Pyramid Convolutional Neural Networks for Text Categorization. Proceedings of the 55th Annual Meeting of the Association for Computational Linguistics. 2017.

[12] Jacob Devlin, Ming-Wei Chang, Kenton Lee, et al. BERT: Pre-training of Deep Bidirectional Transformers for Language Understanding. Proceedings of the 2019 Conference of the North American Chapter of the Association for Computational Linguistics: Human Language Technologies. 2019.

[13] Zichao Yang, Diyi Yang, Chris Dyer, et al. Hierarchical Attention Networks for Document Classification. Proceedings of the 2016 Conference of the North American Chapter of the Association for Computational Linguistics: Human Language Technologies. 2016.

[14] Jichuan Zeng, Jing Li, Yan Song, et al. Topic Memory Networks for Short Text Classification. Proceedings of the 2018 Conference on Empirical Methods in Natural Language Processing. 2018.

[15] Carl Gutwin, Craig G., Nevill-Manning. Domain-specific Keyphrase Extraction. Proceedings of the 16th International Joint Conference on Artificial Intelligence. 1999.

[16] Rada Mihalcea, Paul Tarau. Textrank: Bringing Order into Text. Proceedings of the 2004 Conference on Empirical Methods in Natural Language Processing. 2004.

[17] Rui Meng, Sanqiang Zhao, Shuguang Han, et al. Deep Keyphrase Generation. Proceedings of the 55th Annual Meeting of the Association for Computational Linguistics. 2017.

[18] Shizhe Diao, Yan Song, Tong Zhang. Keyphrase Generation with Cross-Document Attention. arXiv preprint arXiv:2004.09800. 2020.

[19] Gunes Erkan, Dragomir R. Radev. LexRank: Graph-based Lexical Centrality as Salience in Text Summarization. Journal of Artificial Intelligence Research. 2004.

[20] Michihiro Yasunaga, Rui Zhang, Kshitijh Meelu, et al. Graph-based Neural Multi-document Summarization. Proceedings of the 21st Conference on Computational Natural Language

Learning. 2017.

[21] Ming Zhong, Pengfei Liu, Danqing Wang, et al. Searching for Effective Neural Extractive Summarization: What Works and Whats Next. Proceedings of the 57th Annual Meeting of the Association for Computational Linguistics. 2019.

[22] Ling Luo, Xiang Ao, Yan Song, et al. Reading Like HER: Human Reading Inspired Extractive Summarization. Proceedings of the 2019 Conference on Empirical Methods in Natural Language Processing and the 9th International Joint Conference on Natural Language Processing. 2019.

[23] Abigail See, Peter J. Liu, Christopher D. Manning. Get to the Point: Summarization with Pointer Generator Networks. Proceedings of the 55th Annual Meeting of the Association for Computational Linguistics. 2017.

[24] Romain Paulus, Caiming Xiong, Richard Socher. A Deep Reinforced Model for Abstractive Summarization. Proceedings of the 6th International Conference on Learning Representations. 2018.

[25] Yen-Chun Chen, Mohit Bansal. Fast Abstractive Summarization with Reinforce-selected Sentence Rewriting. Proceedings of the 56th Annual Meeting of the Association for Computational Linguistics. 2018.

[26] Maite Taboada, Julian Brooke, Milan Tofiloski, et al. Lexicon-based Methods for Sentiment Analysis. Computational Linguistics. 2011.

[27] Nal Kalchbrenner, Edward Grefenstette, Phil Blunsom. A Convolutional Neural Network for Modelling Sentences. Proceedings of the 52nd Annual Meeting of the Association for Computational Linguistics. 2014.

[28] Zhiyang Teng, Duy-Tin Vo, Yue Zhang. Context-Sensitive Lexicon Features for Neural Sentiment Analysis. Proceedings of the 2016 Conference on Empirical Methods in Natural Language Processing. 2016.

[29] Binxuan Huang, Kathleen M. Carley. Syntax-Aware Aspect Level Sentiment Classification with Graph Attention Networks. Proceedings of the 2019 Conference on Empirical Methods in Natural Language Processing and the 9th International Joint Conference on Natural Language Processing. 2019.

[30] Chen Zhang, Qiuchi Li, Dawei Song. Aspect-based Sentiment Classification with Aspect-

specific Graph Convolutional Networks. Proceedings of the 2019 Conference on Empirical Methods in Natural Language Processing and the 9th International Joint Conference on Natural Language Processing. 2019.

[31] Guimin Chen, Yuanhe Tian, Yan Song. Joint Aspect Extraction and Sentiment Analysis with Directional Graph Convolutional Networks. Proceedings of the 28th International Conference on Computational Linguistics. 2020.

第 5 章

机器学习在 NLP 领域的应用及产业实践

屠可伟

上海科技大学副教授

本章我们主要介绍自然语言句法分析，以及深度学习在句法分析模型参数估计中的应用。

5.1 自然语言句法分析

本节我们主要介绍自然语言句法分析的含义与背景、研究句法分析的几个要素及模型举例。

5.1.1 自然语言句法分析的含义与背景

什么是自然语言句法分析（Natural Language Syntactic Parsing）？自然语言句法分析（简称句法分析），又称自然语言句法解析，主要针对自然语言句子里的句法结构进行分析，句法结构一般是指一个句子里各个单词之间的树形结构。

为什么要对一个句子做句法分析？在 NLP 领域里，句法分析是为了让计算机理解自然语言而采用的传统方法中的一个重要步骤。只有对一句话做完句法分析之后，计算机才能对其做语义分析，并确定它的含义，然后才能根据这句话的含义进行后续处理，例如根据问句进行数据库查询。

在深度学习刚出现的时候，起初研究者发现，句法分析在很多基于深度学习的自然语言理解方法中似乎不是那么的重要。研究者即便不使用任何句法信息，而是直接使用顺序模型（Sequential Model），例如 RNN 和 LSTM 网络，再结合 Attention 机制，也可以在很多涉及自然语言理解的应用场景（例如机器翻译、对话和问答等）中得到很好的效果。所以，在深度学习刚出现的几年内，句法分析的发展一直处于一个衰退的状态。

但是在最近几年，句法分析又重新得到了研究者的关注，研究者希望句法分析可以为基于深度学习的 NLP 系统提供额外的信息，并且在某些自然语言处理任务（例如情感分类、自然语言推理等）中，研究者也发现，在引入句法分析模块之后，深度学习系统的表现的确有所提升。

从直观上看，对于一个自然语言句子，人可以很容易地看出它是有语法结构的。与这个"结构"相关的一些信息，与其忽略它们，不如把它们利用起来，作为整个 NLP 系统里的一部分。它们可以作为与自然语言有关的先验知识，也可以作为整个 NLP 流程里面的中间结构。总之，无论怎么发挥作用，它们都应该是有用的，这也是 NLP 领域里很多资深研究者达成的一个共识。

Christopher Manning 是 NLP 领域的一位资深研究者。2018 年，他和深度学习领域的知名学者 Yann LeCun 就"深度学习对自然语言处理研究的影响，以及语言结构在深度学习时代的地位"这个话题，进行过一场讨论（读者可在 YouTube 上搜索相关视频）。在这场讨论中，LeCun 主张使用简单而强大的神经架构来执行复杂的任务，从而不需要为特定任务配套大量的特征工程。而 Manning 则积极推进将更多的语言结构融入深度学习，Manning 将"结构（structure）"称为"必要的善"，他认为我们应该对"结构"持积极的态度，将其纳入神经网络的设计中。Manning 认为，我们根据语言结构设计的 NLP 系统，与那些没有结构的系统相比，应该能从更少的数据中获得更多的知识，而且这些知识的抽象层次更高。

5.1.2　研究句法分析的几个要素

对句法分析的研究通常涉及句法结构的表示、句法树评分、句法分析算法和对句法分析模型的学习等要素。

1. 句法结构的表示

在研究句法分析时，通常要涉及对句法结构的表示。一般来说，句法结构为树形结构，我们将这种树形结构称为句法树（Syntactic Parse Tree）。常见的句法树有两种形式：一种是成分句法分析树（Constituency Parse Tree），一种是依存句法分析树（Dependency Parse Tree）。

成分句法分析树是一个树形结构，树上的叶节点表示的是句子的单词，非叶节点表示的是一个短语。例如，在图 5.1.1 中，NP（Noun Phrase）表示一个名词短语，VP（Verb Phrase）表示一个动词短语，树根 S（Sentence）则表示这是完整的一句话，图中其他的非叶节点也各表示一类短语。

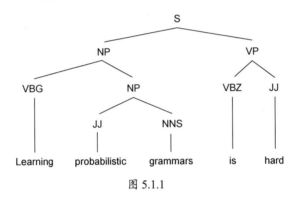

图 5.1.1

依存句法分析树也是一个树形结构，但是树上除了唯一的根节点，其他所有的节点都是单词。也就是说，一个单词既可以是叶节点，也可以是非叶节点。所以在依存句法分析树里，有很多表示两个单词之间句法关系的依存边，这些依存边上可以有标签，表示两个单词之间的具体关系。例如，在图 5.1.2 中，"Learning（学习）"和"grammars（文法）"之间有一条带有标签"dobj"的依存边，"dobj"表示这两个单词是动词和宾语的关系。

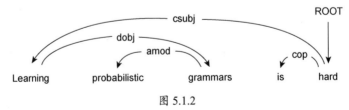

图 5.1.2

2. 句法树评分

给定一个句子，我们使用一个句法分析模型找到这个句子的句法树。常见的句法分析模型会对一句话所有可能的句法树打分，即进行句法树评分。也许有读者会问：为什么要给句法树打分？打分的意义是什么？

句法树评分的最大意义在于能够处理句子的歧义。什么叫句子歧义？它是指一个句子存在几种不同的解释，而每一种解释都对应一棵不同的句法树。我们给每棵句法树打一个分数，表示其合理性，这样我们就能通过比较句法树的分数判断哪棵句法树更有可能是正确的。

Christopher Manning 和 Hinrich Schütze 合著的 *Foundations of Statistical Natural Language Processing* 一书中有这样一个例子，我们来感受一下这句话的意思，以及它会产生什么样的歧义——"Astronomers saw stars with ears."这句话有两种解释：第一种解释是"天文学家用耳朵来看星星"，"with ears"是修饰"saw stars"的，表示"用耳朵来看"；第二种解释是"天文学家看有耳朵的星星"，"with ears"用来修饰"stars"，表示的是"有耳朵的星星"。其实，这句话讲的是天文学家在刚开始使用望远镜看土星的时候，以为土星光环是星星的耳朵。所以，这句话中的"with ears"是修饰"stars"的。

对于以上两种不同的解释，我们就可以用两棵不同的句法树来表示，如图 5.1.3（a）（b）所示。在图 5.1.3（a）中，对于第一种解释，"with ears"是一个介词短语（Prepositional Phrase，PP），"saw stars"是一个动词短语（VP），这里用介词短语修饰动词短语，表示"用耳朵来看"。对于第二种解释，如图 5.1.3（b）所示，句法树里面的"with ears"依然是一个介词短语（PP），它和"stars"共同构成了一个名词短语（NP），所以"with ears"是用来修饰"stars"的。如果句法分析模型可以给这两棵句法树以不同的分数或不同的概率，那么根据最后的结果，我们就可以知道哪一棵句法树更有可能是正确的。

不同的句法分析模型对句法树的打分方式是不同的，但是基本思路都是把句法树分成若干部分，然后分别给每一部分打分，最后通过相加或相乘得到每一棵句法树的总分数。

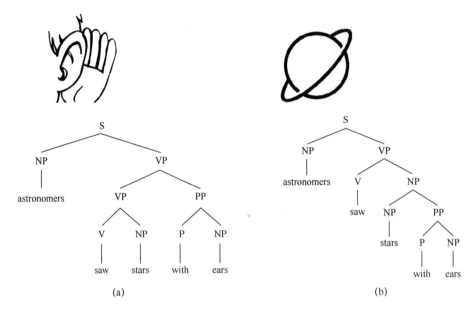

图 5.1.3

3. 句法分析算法

给定一个输入句子，句法分析模型需要通过某种句法分析算法找到这个句子的分数最高的句法树。常见的算法有动态规划法（可以找到全局最优）、贪心搜索法及集束搜索法（Beam Search，可以找到局部最优）。对于选择哪种算法，一般取决于具体的模型及模型对计算速度的需求。

4. 对句法分析模型的学习

我们的句法分析模型从哪里来？如果让语言学家手工构造每一个句法分析模型，毋庸置疑，这将是非常困难的。所以，我们一般都会采取机器学习的方式，即给模型一个所谓的语料库，让计算机从中学习句法分析模型。

句法分析模型的机器学习方法大致可分为两种：一种是有监督学习（Supervised Learning），另一种是无监督学习（Unsupervised Learning）。当然，也可以把这两种方法结合起来形成第三种方法——半监督学习（Semi-Supervised Learning）。

有监督学习是指，对于语料库里面的每一个句子，人为地标出其正确的句法树。一个语料库里有很多棵句法树，我们可以形象地将该语料库称为树库（Treebank）。最著名的树库是美国宾夕法尼亚大学在 20 世纪 90 年代构建的 PTB（Penn Treebank）语料库，其中包含了著名的《华尔街日报》语料库。构建树库需由语言学家来完成，这是一件非常耗费时间和精力的事情，而且非常容易出错。因此，很多小语种并不存在大规模、高质量的树库，也无法应用有监督学习得到句法分析模型。

无监督学习是指，由于计算机和网络上存储的自然语言句子非常多，数量几乎是无限的，如果在机器学习的过程中，不需要人工标注正确的句法树，那么任何句子都可以拿来学习。利用这种无标注的数据进行的训练就叫作无监督学习（也称为 Grammar Induction，语法归纳法）。

5.1.3　句法分析模型举例

1. 基于上下文无关文法的句法分析模型

对于上下文无关文法（Context-Free Grammar），学过编译原理或计算理论的读者应该对它有所了解，这个文法包含多个产生式规则（Production Rule），如图 5.1.4 所示。图 5.1.4（a）[1]中第一行的"S→NP VP"就是一条规则。在这条规则中，S 表示一句话，NP 表示名词短语，VP 表示动词短语。这条规则是说，一句话可以由一个名词短语和一个动词短语组成。在图 5.1.4（a）的第二行至第四行中，竖线"｜"表示"或"。也就是说，对于一个名词短语，有三条相关规则：它可以是一个代词，比如 I；也可以是一个专有名词，比如 Los Angeles；当然，它也可以是冠词后接一个名词短语，比如 a flight。接下来，还有更多与词直接相关的规则，比如一个名词，它可以是 flights、breeze、trip，等等（图 5.1.4（b）中没有列出）。所以，上下文无关文法里有着非常多的规则，这些规则用于构建句法树。

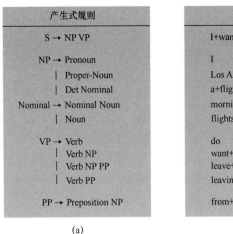

图 5.1.4

如图 5.1.5 所示，图 5.1.5（b）[1]是一棵符合图 5.1.5（a）所列的上下文无关文法的句法树。这棵树的叶节点就是一句话里的单词，每个非叶节点及其孩子节点都是一条上下文无关文法中的规则。比如，这棵树的根节点是 S，S 的孩子节点是 VP，所以 S→VP 就是一条规则（对应图 5.1.5（a）中的第三条文法）。接下来，VP 的孩子节点是 Verb 和 NP，对应的规则是图 5.1.5（a）中的这条规则：VP→Verb NP，表示动词短语（VP）可以是一个动词（Verb）加一个名词短语（NP）。

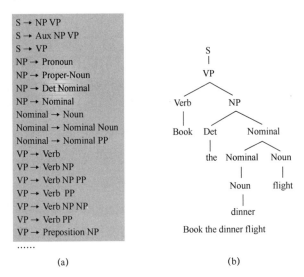

图 5.1.5

如何给这样的句法树打分呢？其实非常简单。首先，我们给每一条规则确定一个条件概率，以 S 为例，我们发现有三条规则是以 S 开头的，那么就分别给它们赋予一个条件概率（注意这些概率之和等于 1）。然后，在给定一棵句法树后，它的分数就是它用到的所有规则的概率的乘积，这就是通过上下文无关文法给句法树打分的方法。

在给定了一个新的句子之后，可以通过一些经典的算法找到分数最高的句法树，如基于动态规划的 CYK 算法（Cocke-Younger-Kasami Algorithm）等，它的复杂度是三次方级别的，本章不展开讨论。

我们怎样学习一个上下文无关文法呢？最简单的方法是使用最大似然估计法。它属于有监督学习，即训练语料库中每个句子有正确的句法树标注。我们的目标是找到语料库中所有使用过的规则，并赋予它们一定的概率，使得似然度最大化。通过这种方式学出来的文法叫作树库文法（Treebank Grammar）。举一个例子，假设文法里面以 VP 开头的规则有四条，然后在树库里面，这些规则都被使用了很多次，那么，我们统计出每条规则的使用次数，然后把这些次数归一化，得到的概率就是最大似然估计。这个方法虽然简单和直截了当，但实际效果却很一般，在 PTB 上的准确率大约是 70%。

无监督学习没有句法树和树库，只有句子，这样我们就只能优化句子的概率。通常，我们会用 EM（Expectation Maximization，最大期望）算法进行概率的优化，这是一种非常经典的算法，它分为 E-Step（Expectation-Step，期望步骤）和 M-Step（Maximization-Step，最大化步骤）两步。我们假设已经有了文法规则，但是并不知道其概率是多少，首先，我们对所有文法规则的概率进行初始化，随机设定文法规则的概率，或者用启发式方式给定概率，这样就有了完整的概率文法。然后，我们采取 E-Step—用当前的概率文法分析所有的句子，找到它们的句法树。最后，采取 M-Step，因为我们已分析了句子，所以每个句子都有一棵句法树，或者是句法树的分布。这时，问题就转变成了有监督学习。所以，M-Step 本质上其实是有监督学习，在做完有监督学习并更新完文法里面的概率之后，就得到了一个新的文法。这时，再回到 E-Step，用新的文法分析所有的句子。所以这是一个可以不断迭代的过程——不断迭代、直到收敛，这就是经典的 EM 算法。

2. 基于图的依存句法分析模型

现在，我们介绍另一种句法分析模型——基于图的依存句法分析模型。首先，我们介绍最基本的一阶依存句法分析模型。依存句法分析树（简称依存树）中的所有节点都表示单词，除了唯一的根节点。对于任意两个单词之间的边，我们根据它所连接的这两个单词的一些特征得出一个分数。计算整个依存树的分数，就是对这棵树所包含的所有边的分数求和。

给定一个新句子，我们会构造一个有向图，如图 5.1.6（a）所示，图中的节点就是单词，任意两个节点之间都有两条方向相反的有向边，图里的每条边都有一个分数。我们希望找到这个有向图的一棵"生成树（Spanning Tree）"，让这棵树的所有边的分数之和或者之积最大，如图 5.1.6（b）所示，这是一个最大生成树（Maximum Spanning Tree）问题。需要注意的是，这棵树是有向树（即所有边都从父亲节点指向孩子节点），不是无向树。无向树可以使用经典的最小生成树的算法，而有向树要用到另外一个算法——Chu-Liu-Edmonds 算法，它的复杂度是平方级别的。

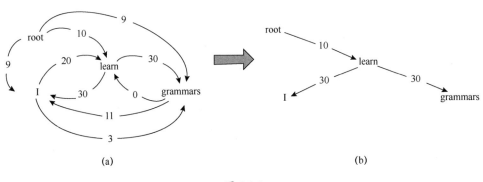

图 5.1.6

其次，我们来介绍二阶依存句法分析模型。一阶依存句法分析模型是给每条边打分，对于二阶依存句法分析模型，我们不再考虑单条边，而是考虑两条边的组合。对于依存树而言，就会存在两种情况：一种情况是两条边共享一个父亲节点，我们把这种方式叫作兄弟（siblings）；另外一种情况是两条边首尾相连，我们把这种方式叫作祖父（grandparent）。我们会对这两种组合方式进行打分。

给定一棵依存树，我们枚举出该依存树里所有的二阶组合，然后把这些分数相加或者相乘，这样就得到了这棵树的分数。这就比一阶依存句法分析模型更复杂了，一阶依存句法分析模型存在平方级别的算法，但是对于二阶依存句法分析模型，即便假设依存树的所有边都不交叉，动态规划也会达到四次方级的复杂度；如果允许边之间有交叉，那么这就变成了 NP-hard 问题（NP 难问题）。

对于基于图的依存句法分析模型的有监督学习，我们一般会去优化条件似然度（Conditional Likelihood），即给定一个句子，我们希望正确的句法树的概率越高越好。对于这个目标函数，我们可以通过梯度下降或者其他优化算法实现优化。

基于图的依存句法分析模型的无监督学习是更加复杂和更加困难的，目前业界研究它的人并不多。笔者团队曾在 2017 年发表过一篇基于条件随机场自编码器（CRF[1]-Autoencoder）的无监督依存句法分析论文 *CRF Autoencoder for Unsupervised Dependency Parsing*。论文中提出的条件随机场自编码器分两部分：一部分是编码器，其实就是一个基于图的依存分析器；另一部分是解码器，它是一个非常简单的生成模型——输入一个依存树，输出一个句子。解码器的基本思想是：在有了依存树之后，我们就能知道每个单词的父亲节点是什么，可以根据该父亲节点所对应的一个离散分布采样出这个单词。当编码器和解码器连接起来之后，它们就变成了一个自编码器——输入是一句话，输出也是一句话。我们的目标函数是最大化重建概率（Reconstruction Probability），我们希望最后输出的这句话尽可能等同于输入的句子。

5.2　深度学习在句法分析模型参数估计中的应用

句法分析研究在深度学习时代有很多新的进展，本节主要介绍深度学习在句法分析模型参数估计中的应用。我们以上一节介绍过的依存句法分析模型的无监

---

1. CRF，指条件随机场，英文全称 Conditional Random Field。

督学习为例。除了参数估计，深度学习的思想还可以用于句法分析的其他很多方面，本节不展开讨论。

5.2.1 符号嵌入

本节介绍生成式句法分析和判别式句法分析。

1. 生成式句法分析

生成式句法分析通过一个生成式文法（Generative Grammar）建模句子和句法树的联合概率分布。我们在上一节介绍过的用于成分句法分析的上下文无关文法就是一个生成式文法。那么，什么样的生成式文法可以用来做依存句法分析呢？

2004 年，在 Dan Klein 和 Christopher Manning 共同撰写的名为 *Corpus-Based Induction of Syntactic Structure*: *Models of Dependency and Constituency* 的论文里，他们提出了一个非常经典的有价依存模型（Dependency Model with Valence，DMV），它是一个生成式模型，包含了很多的依存规则。我们可以调用这些规则生成一句话及这句话的依存树。

图 5.2.1 就是一个 DMV 生成一句话及其依存树的例子。注意，经典的 DMV 生成的句子是一个词性序列，而不是单词序列，但同样的方法也可以用于生成单词序列。如图 5.2.1 所示，首先，DMV 会定义一个离散分布，在这个分布里我们采样出一个根节点，比如一个动词（图中的 step 1）。其次，从这个动词出发，对于动词的左边，DMV 从一个对应该动词的伯努利分布去采样，以决定要不要生成一个单词（图中的 step 2）。如果我们采样的结果为"要生成"，即左边需要生成一个单词，那么我们就从一个条件离散分布里采样具体生成什么单词，这个分布的条件包括这个根节点动词、生成方向（左边），以及该方向是否已生成过单词（图中的 step 3）。然后，通过同样的过程，DMV 继续决定要不要再生成第二个单词，以此类推。如果在生成若干个（可能是零个）单词后决定不再生

成（图中的 step 4），DMV 就会转到右边，用类似的方式生成单词，即通过采样来决定要不要生成一个单词。如果需要生成，DMV 再通过采样生成具体的单词（图中的 step 5～7）。如果两边都决定不再生成新的单词，那么我们就依次访问刚才所生成的左边的"孩子"和右边的"孩子"，对每个"孩子"递归调用同样的生成过程，以便生成他们自己的"孩子"（图中的 step 8～11）。最后，所有生成的单词都已被访问，我们就得到了一棵完整的依存树，把所有的节点按从左到右的顺序收集起来，就得到了一句话。在这个例子里，最终生成的句子是"NNP VB JJ"。这就是 DMV 生成句子及其依存树的过程。

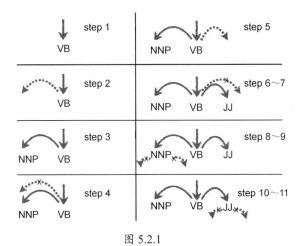

图 5.2.1

具体细节本节不展开讨论，你只需要知道：我们有一个概率生成式文法，它可以采样出一棵依存树及它对应的句子。这个模型可以通过上一节介绍的 EM 算法进行无监督学习，但学习效果并不是特别好。在《华尔街日报》语料库里选择句子长度小于等于 10 的句子做训练，然后同样在句子长度小于等于 10 的句子上做测试，它的准确率大概只有 46%。但是，经过研究人员后续的一系列研究，在加入了各种不同的先验知识后，它的准确率在 2012 年深度学习兴起之前提升到了 70%以上。

传统的文法学习存在的一个问题是：这些文法里面有很多各种各样的符号，分别用来表示单词、词性或者短语，这些符号相互之间被认为是完全不同的。但实际上，符号之间也具有相似性和相关性。比如，文法中可能会有一个符号表示动词原形，第二个符号表示动词的过去式，第三个符号表示动词的第三人称单数。这三个符号在文法里面被认为是完全不一样的，而且相互之间也没有关系。但实际上我们知道，这三类动词的语法行为非常相似，比如，它们后面都有可能跟一个名词短语作为宾语。

如何解决这个问题呢？这就需要引入神经网络的思想——符号嵌入（Symbol Embedding）。我们用连续的向量表示符号，每个符号都对应一个连续的向量。我们希望相似符号的向量也应该是相近的，也就是说在向量空间里，向量之间的距离比较接近。我们使用一个神经网络来预测文法规则的权重或者概率，神经网络的输入就是这条规则里所涉及的符号的向量表示，输出就是规则的权重或者概率。这样一来，如果有两条规则使用了相似的符号，这些符号的向量表示也会很接近，因此神经网络的输出也应该很接近，即预测的规则概率或者权重也很接近，从而就建模了符号、规则之间的相似性。

我们把神经网络的思想用到 DMV 上，把这个新的模型称为 Neural DMV（神经有价依存模型）[2]。我们应该怎样无监督学习 Neural DMV 呢？其实还是用 EM 算法。对于传统的 E-Step，这一步是在有了文法规则概率后做句法分析，然后计算每条规则使用的次数，接下来再进行 M-Step，即把规则使用次数做归一化，以便得到新的概率。但是，现在我们在模型中不再直接记录规则概率，而是使用一个神经网络去计算规则概率，而这个神经网络有它自己的参数需要学习，所以我们需要修改 M-Step。我们在 E-Step 得到了规则的使用次数，然后把规则使用次数作为神经网络的训练数据去更新神经网络的参数，最后用神经网络预测新的规则概率。这样依然是 EM 算法的迭代过程，只不过 M-Step 被分成了两步。这个模型于 2016 年提出，与经典的 DMV 相比，能得到更好的无监督学习效果。

Neural DMV 的出发点是，希望相似的符号学习到的向量表示也应该是相似的，我们发现最后得到的结果也的确如此。我们把最后学到的符号嵌入做二维空间可视化，然后发现上面举例的动词的三种形式确实在向量空间里面是非常接近的。

但是，这里其实还存在一个问题：同样的文法规则在不同的上下文里的权重理应是不一样的。比如，"He is reading a book."和"What is he reading？"这两个句子，第一句是陈述句，第二句是疑问句。陈述句中存在一条从"reading"向右指向"book"的依存边，用以表示动宾关系，但是在疑问句里，同样表示动宾关系的依存边朝向了左边（从"reading"指向"what"）。所以针对不同上下文和不同句子，规则的概率应该是不一样的。那么，如何才能做到这一点呢？我们需要用到判别式的模型和方法。

2. 判别式句法分析

判别式句法分析用来建模句法分析树在给定句子时的条件概率分布。在建模句法树分布的时候，该方法可以利用整个句子的信息构造各种各样的特征，用于预测文法规则概率。由于每一个句子提取出的特征都不一样，因此该方法会预测出不同的文法规则概率。

我们依然是在 Neural DMV 的基础上做一个很小的改动，希望神经网络在预测文法规则概率的时候，能够用到句子的信息。给定一句话，我们可以在该句话上运行一个 LSTM 网络，该网络输出的向量会编码整个句子。我们把这个向量作为神经网络的额外输入，通过这种方式，我们建立了神经网络对文法规则概率的预测和给定的句子的关联。我们把这个模型叫作 Discriminative Neural DMV（判别式神经有价依存模型）[3]。

这个模型也可以看成一个自编码器，包含一个编码器和一个解码器，编码器就是 LSTM 网络——把句子表示成一个向量，然后解码器就是 Neural DMV，它通过向量预测 DMV 里的文法规则概率，然后通过 DMV 生成句子。

5.2.2　上下文符号嵌入

上节介绍过的符号嵌入是指每个符号都有一个固定的向量表示。但是，同一个符号在不同上下文里面的含义也会不一样。例如，在"book a flight"和"read a book"中，"book"在第一句话里是动词，在第二句话里是名词，它们的含义是不一样的。再来看一句话，这是一个中文句子"骑车差点滑倒，好在我一把把把住了。"这里有四个"把"，意思也都是不一样的，第一个是量词，第二个是介词，第三个是名词，最后一个是动词。这类问题怎么解决呢？这需要用到上下文符号嵌入（Contextual Symbol Embedding）的思想，即表示符号的向量表示根据上下文来变化。

解决这类问题的一个最简单的方案是，给定一个句子，在原先符号嵌入的基础上运行一个 BiLSTM 网络，然后把 BiLSTM 网络在每个位置的输出作为句子里每个符号的上下文嵌入。注意，由于这里用了符号的上下文信息，所以不同的上下文会产生不同的符号嵌入。

更复杂的方案是使用最近两年在业界非常热门的 BERT 模型等方法。这些方法都使用了更加复杂的模型，并且在大规模语料库上做了预训练。在句法分析器的有监督学习里，使用上下文符号嵌入几乎是标准的做法了。但是，在无监督学习里，这些方法却用得不多。这是为什么呢？因为存在这样一个问题：上下文符号嵌入的信息量太大。可以想象一下，在自编码器模型里，如果符号嵌入里面的信息量太大，甚至已经包含了完整的句子信息，这样一来，即使编码器没有很好地建模句法结构，解码器也可以根据符号嵌入完美地重构句子。所以，对于自编码器方法，很重要的一点是中间隐变量的信息量不能太大。这也是目前在无监督学习里上下文符号嵌入使用不多的原因之一。

综上所述，用深度学习估计句法分析模型的参数，常用的方法是首先把符号嵌入一个连续向量空间中，每个符号用一个向量表示，然后我们用一个神经网络基于这些向量表示来预测模型参数。它的好处是，我们可以通过符号嵌入捕捉符号的相似性和相关性，而上下文符号嵌入还考虑了对上下文进行更细粒度的建模，方便我们在预测模型参数的时候，会使相近的符号在相近的上下文中所预测的参数更为相近。

本章参考文献

[1] Daniel Jurafsky , James H. Martin. Speech and Language Processing. Prentice Hall. 2002.

[2] Yong Jiang, Wenjuan Han, Kewei Tu. Unsupervised Neural Dependency Parsing. In the Conference on Empirical Methods in Natural Language Processing (EMNLP 2016). 2016.

[3] Wenjuan Han, Yong Jiang, Kewei Tu. Enhancing Unsupervised Generative Dependency Parser with Contextual Information. In the 57th Annual Meeting of the Association for Computational Linguistics (ACL 2019). 2019.

第6章

计算机视觉前沿进展及实践

张发恩　创新奇智CTO

吴佳洪　创新奇智高级研究员

6.1 计算机视觉概念

计算机视觉（Computer Vision，CV）是一门研究如何让计算机"看懂"图像或视频的学科。英国机器视觉协会（The British Machine Vision Association，BMVA）将计算机视觉定义为：对单幅图像或一段视频中的有用信息进行提取、分析和理解。简单来说，就是我们使用摄像头（或者其他图像、视频采集设备）和计算机，以此代替人眼完成对目标物体的识别、检测、跟踪和测量。

计算机视觉和多个学科有着非常紧密的联系，如图 6.1.1 所示。首先，在一般情况下，我们让计算机视觉系统模拟神经生物学的成像系统去采集图像或视频（在采集过程中，我们会用到物理学、数学和光学的大量知识）。其次，根据像素点分布、亮度和颜色等信号信息，计算机视觉系统将拍摄目标的形态信息转换为数字信息（在这个过程中，我们会用到信号与信息学领域的大量知识）。然后，计算机视觉系统在计算机设备中处理和存储相应的数字信息，最后通过计算机科学相关技术（如 AI）让计算机理解图像或视频。本章我们关注的是，如何让计算机通过一些相关技术理解图像或视频，因此我们将围绕这个主题进行介绍。

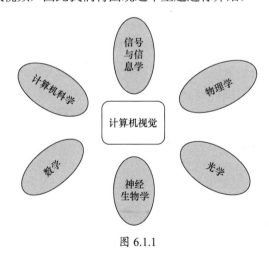

图 6.1.1

1965 年，Roberts 通过计算机程序从数字图像中提取出了立方体、棱柱体等多面体的三维结构，并对物体形状及物体的空间关系进行了描述。这项研究工作开创了以理解三维场景为目的的，对三维机器视觉研究的先河。Roberts 对"积木世界"的创造性研究给了人们极大的启发，并让许多人相信，一旦由白色积木玩具组成的三维场景可以被计算机理解，那么计算机就可以理解结构更为复杂的三维场景。于是，研究者又对"积木世界"进行了深入研究，研究范围从对边缘、角点等特征的提取，到对线条、平面、曲面等几何要素的分析，一直到对图像的明暗、纹理、运动轨迹及成像几何的研究等，并且研究者还建立了各种数据结构和推理规则。到了 20 世纪 70 年代，有研究者提出了不同于"积木世界"的 Marr 视觉理论，该理论立足于计算机科学，系统地包含了心理生物学、神经生物学等科学，并成为 20 世纪 80 年代计算机视觉研究领域的一个重要应用框架。到了 20 世纪 90 年代，计算机视觉技术得到进一步发展，同时开始应用于工业界。由于计算机视觉系统在提取信息时，采用的是一种非人工接触式的测量方式，因此，对于一些不适合人工作业的危险工作环境，或者人工视觉难以满足要求的精密场合，研究者开始逐步使用计算机视觉技术来完成这一系列工作。

为了使计算机能够更好、更全面地理解图像或视频，在基于机器学习方法的 CNN 未被提出之前，研究者通常会使用统计方法进行总结和归纳，即与图像处理、特征提取、特征筛选和推理预测有关的方法，这种方法相对简单，其特点就是不需要计算机做过多的计算，模型的复杂度也比较低，但是这种方法不能有效地提取图像的特征，这就导致计算机在做分类、检测、分割等任务时，最终效果不会很理想。

2012 年，Hinton 研究组在计算机视觉领域的一项重要赛事 ImageNet 上提出了新的基于深度学习的计算机视觉处理新方法——CNN 模型 AlexNet，该方法获得当年 ImageNet 挑战赛图像识别类冠军。自此，在计算机视觉领域，CNN 开始得到人们的重视。

6.2　计算机视觉认知过程

如何让计算机更好地理解图像或视频呢？计算机的这个"理解"能力，本身是一个逐步"进化"的过程。在初期，我们先让计算机"看懂"图像或视频，然后让它逐步具备对图像或视频的分析推理能力，最后让它达到和人一样的理解水平。从粗粒度角度来讲，我们要让计算机知道图像中包含了什么物体、每个物体的具体位置、不同物体的边缘或边界的区分。同时，我们还要让计算机能更细粒度地感知图像里的更多信息，比如，每个物体的姿态如何。在满足了以上所有条件之后，计算机才能对图像或视频有更深层次的理解，比如，理解一幅图像或一段视频表达了什么含义。

计算机是通过学习的方式具备这些能力的。简单来说，就是把计算机当作一个一两岁的小朋友，小朋友在这个年龄段对外界的很多物体都是不理解的，此时，家长就会拿出一些图片（图 6.2.1）让小朋友去学习和辨认。所以在初期，计算机也需要像小朋友一样，从正确识别图像里的物体开始学习。

图 6.2.1

从细粒度角度来讲，计算机同样要通过学习的方式去理解图像中物体的具体位置及物体的边界等信息。如何评价计算机是否掌握了这些能力及掌握的程度如何呢？我们需要使用一些量化指标做出评价。比如，图像中物体的具体位置可以利用物体的中心点位置和长宽距离来表示，我们将其定义为目标检测任务。同样地，计算机也可以利用每个物体在图像中的像素边界来表示它的位置，这就诞生了图像分割任务。图像分割任务的主要目的是让计算机掌握图像中每个物体的轮廓和像素边界信息，并对物体进行精确的定位识别。

当计算机具备了上述能力之后，我们还要让计算机利用计算机视觉技术具备更高维度的理解能力，比如，通过学习的方式训练计算机看图说话的能力。

因此，基于学习的方式，计算机视觉技术可以解决产业界现在面临的许多现实问题，但是这种方式同样存在一些弊端：需要预先耗费大量的人力和物力来标注任务的数据集；计算机在学习的过程中需要消耗一定的计算力，且运行过程也不稳定；计算机在某一个领域学习到的能力不能有效地迁移到其他领域，等等。出现这些问题的主要原因是，计算机通过学习的方式只是具备了类似于人的学习能力，但是并没有完全具备和人一样的分析和推理能力。

针对以上问题，研究者开始尝试让计算机通过少量学习样本（Few-Shot Learning）或无学习样本（Zero-Shot Learning）的方式获得同等的学习能力。同时，研究者还尝试让计算机具备领域学习的能力，即初步具备分析和推理能力，这就是元学习（Meta Learning）的方式。

6.2.1　从低层次到高层次的理解

计算机对图像（或视频）的理解是从低层次开始的，低层次理解包括：图像中涉及哪些基本要素、找到每个基本要素在图像中的位置，以及各个基本要素的边界范围等。我们都知道，图像是由 RGB（Red Green Blue，红绿蓝）三个通道的二维矩阵按照一定的权重组合而成的，因此图像具备了一般意义上的和统计有关的要素，比如，图像的明暗度、清晰度或模糊度等信息，这些信息也可以认为是对图像的低层次理解。对图像的高层次理解是指，让计算机能像人一样理解组合图像中的基本要素，比如，对于有人物的图像，图像中每个人的具体姿态是什么样子的、人与人之间的关系如何，以及图像讲述了一个什么样的故事。

当然，也可以让计算机跳过"低层次理解"，直接进入"高层次理解"，但是最终效果往往并不理想。因此，有研究者根据人类的思维方式把复杂的"高层次理解"拆分成"低层次理解"的各个基本单元任务，计算机只要完全解决这些基本单元任务，最后通过组合的方式，就能够达到对图像的高层次理解，效果也会比直接进行高层次理解的效果好。

6.2.2　基本任务及主流任务

根据目前计算机视觉技术的发展水平和产业界的需求，研究者总结出了计算机理解图像（或视频）的三个基本任务：图像分类、目标检测和图像分割。这三个基本任务对图像理解的角度是不一样的。以图像分类任务为例，其主要目的就是让计算机通过一定的算法理解图像中的各个物体是什么，如图 6.2.2 所示。

图 6.2.2

但是仅理解图像中各个物体是什么，还远远不够，因为计算机并不知道图像中每个物体的具体位置，而目标检测任务的目的就是将图像中每个物体的位置检测出来，如图 6.2.3 所示。图中使用了矩形框的形式表示物体的位置，也可以用物体的中心点表示物体位置，或者用矩形框和物体的中心点相组合的方式表示物体位置。

图 6.2.3

需要说明的是，这里的目标检测算法只是让计算机粗略地"知道"图像中每个物体的位置，如果想获得更精确的像素级别的位置，我们就需要实施图像分割任务了。图像分割任务是指，计算机将图像中的每个像素点进行分类，以此定位图像中各个物体的边界，其目的就是简化或改变图像的表现形式，使图像更容易被计算机理解和分析，以便计算机能对图像中的物体进行更加细致的定位。如图 6.2.4 所示，我们在实施了图像分割任务后，图像中的每个物体的位置都是被精确定位的。

图 6.2.4

由于工业界和产业界对计算机视觉技术的具体需求不同，研究者基于这三个基础任务，又衍生出了多个主流任务，大多数主流任务都是对基础任务的改进或对几个基础任务的组合。举例如下：

（1）人脸检测任务和人脸识别任务。人脸检测任务属于目标检测任务的一个细分任务，它是指在一幅图像中，该任务只对人脸进行检测及定位，而图像中的其他目标都统统视为图像背景。人脸识别任务是指，在一副有人脸的图像中，计算机只对人脸进行识别和匹配，最终识别出图像中的人脸是谁的脸。目前主流的人脸识别任务算法都是基于图像分类的方法来完成的。

（2）目标跟踪任务在安全防控领域发挥着非常重要的作用，即计算机先对图像中的人或某个物体进行检测和定位，然后再对检测出来的人或物体进行图像匹配，最终找到目标并实现跟踪。

（3）文字检测任务和文字识别任务广泛应用于工业界。文字检测任务同样是目标检测任务的一个细分任务，不过该任务只关注图像里的文字信息，其他目标都视为图像背景。文字识别任务可以看成是图像分类任务的一个延伸任务，该任务可以借助图像分类的方法或其他相应技术来完成。

在早期，由于受到摩尔定律的限制，计算机处理图像的能力非常有限，只能利用一些传统方法处理灰度图像。随着计算机硬件的不断成熟，以及计算机计算能力和存储能力的提升，尤其在 2007 年之后，伴随着云计算概念的提出和发展，研究者将计算系统和存储系统有效地组合在了一起，使得计算机能够更加高效地处理图像数据。

今天，研究者对计算机视觉技术的认知水平已经达到了一个新的层面，即考虑以 AI 相关技术为依托，让计算机能像人一样具备神经单元系统，同时让计算机的一些神经单元可以有组织地组合在一起，从而完成某些特定的任务。目前，CNN 在处理与计算机视觉相关的一些任务（比如图像分类任务）时，其能力已经超出了人类对图像的识别能力，而且大多数计算机视觉任务都可以使用深度学习的方式来解决。在未来，研究者还需要找到一种方式能让计算机像人一样具备思考的能力，这里所指的思考能力非常宽泛，即像人一样具备对一个事物的总结、推理和演化的能力，比如，计算机在一个领域学到的知识是否可以迁移到其他领域；计算机在只有少量数据或没有数据的情况下，是否可以根据所掌握的领域知识和一些先验知识就能具备分析推理的能力。

6.3　计算机视觉技术的前沿进展

计算机视觉技术是和计算机视觉任务紧密联系在一起的，上节我们介绍了计算机理解图像（或视频）的三大基本任务，本节主要介绍与三大基本任务相关的计算机视觉技术的前沿进展情况。

6.3.1　图像分类任务

早期，研究者做图像分类任务的主要方法是，首先根据具体任务，让计算机感知图像的特征，其作用就是确定图像中哪些特征可以运用在图像分类任务中。然后，计算机再对图像做有针对性的预处理，方便后续的特征提取操作。后来，研究者使用传统的方法，比如 SIFT（Scale Invariant Feature Transform）、HOG（Histogram of Oriented Gradient）等算法提取图像中的特征，最后将提取出的特征进行组合，以此实现图像分类任务。

上节提到，2012 年在全球最负盛名的计算机视觉领域重要赛事 ImageNet 上，机器学习领域知名专家 Hinton 提出了基于 CNN 的深度学习方法，他用 BP（Back Propagation）反向传播的方式训练 CNN 模型 AlexNet[1]。该方法全面超越了传统的方法，其网络结构如图 6.3.1 所示。

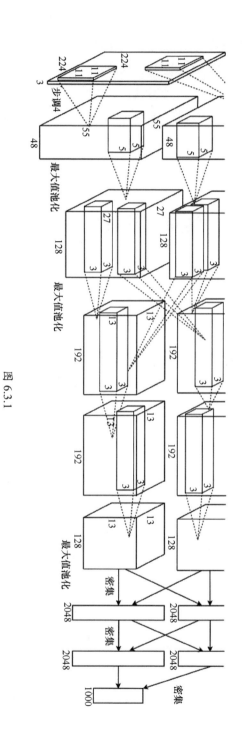

图 6.3.1

CNN 是如何提取图像特征,然后对图像进行分类的呢?我们知道,彩色图像是由 RGB 三个通道的二维矩阵按照一定的比例组合而成的,我们考虑使用一个卷积核。一个卷积核里面的参数可以被一幅图像的所有像素点所共用,这样方便 CNN 在一个通道提取同样的图像特征,例如,图像颜色、物体边缘、物体形状等特征信息。在 CNN 获得图像像素值和卷积核的内积和之后,我们使用激活函数〔比如 ReLU(Rectified Linear Unit,线性整流函数)〕突出提取的特征,并组成下级的特征图。整个过程如图 6.3.2 所示。

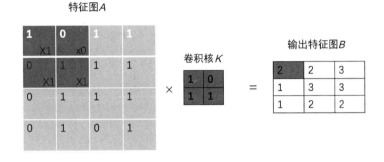

$$2=ReLU(1 \times 1+0 \times 0+0 \times 1+1 \times 1)$$

图 6.3.2

也许有读者会问,即使通过一个卷积核获取一定的图像特征,那么该特征也是图像的局部特征,我们依然看不到图像的整体特征。因此,这里引入一个概念——感受野(Receptive Field),它是衡量 CNN 每次检测图像区域大小的尺度。我们通过卷积层和池化层来扩大对图像特征的感受野,最终就会得到一个全局的感受野,这也就照顾到了整幅图像的特征。这样的话,CNN 就能提取图像的整体特征和细微特征,最后通过组合这些特征,实现对图像的分类。其中,组合特征的方式有很多种,为了能够训练端到端的网络结构,我们使用全连接层(Fully Connected Layer,FCL)的方式组合提取的所有特征。

端到端的网络结构大大简化了图像分类任务的过程，同时能够充分提取图像特征，使结果优于人工提取图像特征的方式。但是，由于是端到端的网络结构，CNN 对我们来说像是一个"黑盒"，我们不知道它提取的是什么特征，以及哪些是对图像分类任务至关重要的特征。因此，我们不能按照之前"白盒测试"的方法，有针对性地提升网络的特征提取能力及特征组合能力。

不同的人对物体分类的能力是有差别的，体现在计算机视觉领域，就是计算机对图像识别的准确率和识别出的物体种类是有差别的。研究者认为，CNN 对图像的分类能力是由 CNN 的深度和宽度决定的。因为它们代表着 CNN 提取图像特征的能力，同时也代表着对特征的组合能力。因此，我们可以从"加深"CNN 的深度和宽度入手，尝试增强 CNN 的图像分类能力。这两方面比较有代表性的网络结构是 VGG 系列网络和 GoogLeNet。VGG 系列网络通过堆砌多个卷积层来增加 CNN 的深度，其识别能力确实比浅层的 AlexNet 效果要好；GoogLeNet 是在组成一个卷积层块的时候，添加了不同感受野的卷积核，这样在增加 CNN 宽度的同时，能够融合不同粒度的特征，其识别能力同样比原始的 AlexNet 效果要好。

也许有读者认为，如果想让 CNN 具备更优秀的图像识别能力，那么就一定要不断增加网络的深度和宽度。这个观点是不对的，因为这里还涉及一个问题——CNN 的参数大小和训练难度。我们知道，如果使用深度学习的方式训练 CNN 模型，则经常会出现梯度爆炸或梯度消失的问题。梯度回传是通过链式法则进行的，是一个不断累积的过程，因此 CNN 结构越深，越容易出现梯度爆炸或梯度消失的问题，这就造成模型很难被训练。同时由于网络结构的深度和宽度是通过堆砌而来的，因而网络结构中存在很多参数，使得模型更难以训练，也更容易降低 CNN 的性能。图 6.3.3 是在数据集 CIFAR-10 上分别使用 20 层和 56 层堆叠网络的测试结果，从图 6.3.3（a）（b）两个图中不难看出，以堆叠方式组成的更深层的网络有着更大的训练误差和测试误差。

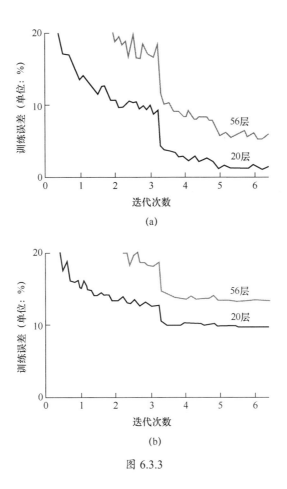

图 6.3.3

为了解决以上问题，ResNet（Residual Network，残差网络）横空出世，其中，残差学习是 ResNet 的核心技术，残差学习能够使 CNN 从 VGG 的 19 层达到 ResNet 的 152 层，这是一个质的变化。它的主要思想是，将 CNN 对图像特征的学习拆分成残差学习，残差学习又可以通过堆叠 CNN 结构的方式组成更深的网络结构。这里给出详细的解释。

我们使用一个模块来记录已经学习到的特征 X，同时增加其扩展的残差学习单元函数 $F(X)$，并认为最终学习到的特征函数为 $H(X)$，于是得到

$$H(X)=F(X)+X,$$

把残差学习单元函数 $F(X)$ 定义为残差学习，它是 $H(X)$ 和 X 的差，即

$$F(X)=H(X)-X,$$

这样，即使最终学习到的图像特征 X 和 $H(X)$ 相等，使得 $F(X)=0$，这样的操作也可以使 CNN 对图像的感知能力不会随神经网络深度的增加而造成网络学习图像特征能力的退化。残差学习单元函数使用了恒等映射方式，使堆叠的 CNN 只学习到有用的特征，最终让 CNN 拥有更好的性能。残差学习单元结构如图 6.3.4 所示。

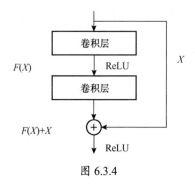

图 6.3.4

残差学习大大增强了网络学习图像特征的能力，同时也增强了对不同尺度的特征的组合能力，这样的 CNN 对图像的识别能力已经超出了人对图像的识别能力。之后的其他 ResNet 的"变种"都是在这个基础上做的改进。因此，图像分类任务可以总结为 CNN 提取图像中各个尺度的图像特征，然后再将这些特征进行各种形式的组合，最后做出判断。

最近几年，以 Google 为主的许多知名科技公司开始尝试使用强化学习的方法生成 CNN 结构，其中具有代表性的工作就是 NASNet（Neural Architecture Search Network）[2]。它的主要思想是使用强化学习方式来控制 CNN 结构的生成器，生成器通过搜索和组合 CNN 的基本操作组成不同的 CNN 结构。这样的 CNN 结构性能就超出了人为设计的网络的性能。但是在小数据集上面生成的 CNN 结构需要耗费大量 GPU 训练时间，也无法移植到大型数据集上。当 CNN 结构在某个特定数据集上的训练结束后，再将其迁移到其他数据集时，效果可能

并不好。在未来，如果学界能够解决这个问题，那么图像分类任务的主流方法就可能是基于搜索的方式来构建 CNN 结构了。

我们向读者提供一些公开的数据集，有的数据集适合刚入门的初学者，有的适合图像分类任务从业人员。

（1）MNIST（Mixed National Institute of Standards and Technology），是一个大型手写体数字识别数据集。这个数据集有 6 万张灰度图，测试集有 1 万张灰度图，主要是 0～9 的手写数字，如图 6.3.5 所示，这个数据集也非常简单，适合刚入门的读者使用。

图 6.3.5

（2）CIFAR-10，是一个用于识别普通物体的小型数据集，数据集有 6 万张 32×32 像素的彩色图片，是一个适合新手入门的彩色数据集。

（3）ImageNet。该数据集由斯坦福大学李飞飞教授及团队提供，数据集包含 2 万多种图片类别，共计 1400 万张图片。该数据集用于检验图像分类任务中网络性能是否最佳。

（4）Caltech101。该数据集包含 101 种图片类别，每类图片数量从 40 张到 800 张不等，适合初学者使用。

（5）Pascal VOC（Pascal Visual Object Classes）。它是通用的图像分类数据集，包含 1 万多张图片，适合初学者使用。

6.3.2　目标检测任务

传统目标检测任务算法的基本思路是，首先，计算机先对图像进行诸如图像标准化、图像平滑处理等基础性的操作，然后，计算机通过不同尺寸的滑动窗口，选定图像中的某一个区域作为候选区域，并对该区域的图像使用如 HOG（Histogram of Oriented Gradient，方向梯度直方图）等算法来提取图像的特征，最后，使用统计机器学习如 Adaboost、SVM 等分类算法，计算机对候选区域的特征进行分类，并判断是否属于待检测的目标。这类算法的缺点是，滑动窗口的候选区域非常多，导致整个流程非常消耗计算资源，同时滑动窗口还会产生很多负样本。

自从 CNN 在图像分类任务上获得成功之后，研究者对 CNN 的认识达成了共识——它能很好地提取图像中各个维度的特征。CNN 的浅层网络能够提取图像的低维度特征（如图像的边缘、形状、颜色和姿态等），并随着 CNN 层数的增加，低维度特征开始组合，并形成更高维度的特征。

CNN 对图像分类任务有着天然的优势，基于这个优势，我们可以在解决目标检测任务时，使用 CNN 来构造模型。从目前目标检测技术的发展趋势来看，检测器分为了两类：一类是以 SSD（Single Shot MultiBox Detector）和 YOLO（You Only Look Once）[3]为代表的一阶段（one-stage）检测器，另一类是以 Faster R-CNN 为代表的二阶段（two-stage）检测器。这两类检测器都是以基础的 CNN 的图像分类网络作为主干网络来提取图像中各个维度的特征。但二者的不同之处在于，在主干网络提取完图像特征后，一阶段检测器把整幅图像作为采样基础，在图像的不同位置进行密集采样（在采样时使用不同的长宽比和不同尺寸），并通过 CNN 直接进行图像分类和位置回归，整个流程只需一步就能完成，如图 6.3.6 所示。图中是 YOLO 的工作流程，因为均匀密集的采样结果导致正负样本极度不均衡，这使得一阶段检测器难以被训练，另外模型的准确率也不高。

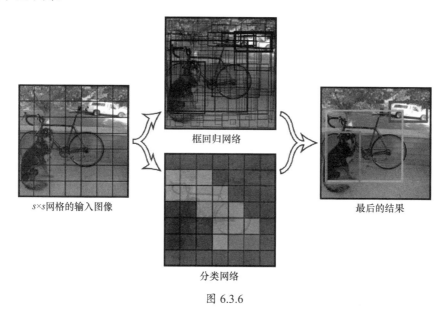

图 6.3.6

二阶段检测器是在主干网络提取完图像的特征后，再通过一个区域建议网络（Region Proposal Network，RPN）结构生成一系列的稀疏的候选框，最后对这些候选框进行图像分类和位置回归的操作。这样"两步走"的方式能够使目标检测网络更加专注于每个阶段的任务：在 RPN 阶段更加专注于提取好的候选框，并在下一个阶段完成对候选框内物体的分类和对候选框位置的修正，从而保证候选框的位置的精准性。所以，在一般情况下，二阶段检测器的检测效果会比一阶段检测器的好，但是二阶段检测器由于是分两个阶段完成的，在训练和推理的时候，计算速度会更慢。

CNN 完成目标检测任务的整体思路是，第一步，确定使用 CNN 来提取图像中各个维度的特征；第二步，通过 RPN 或采样的方式生成候选框，候选框里面的物体就是目标物体；第三步，对候选框进行分类，同时也对候选框的位置进行回归操作，以此修正候选框的位置。那么怎么确定候选框的位置呢？这里用到了一个思想，就是先平移候选框的中心点，然后再缩放候选框的宽度和高度，这样就达到了回归候选框位置的目的。具体细节我们不做过多介绍，有兴趣的读者可以查看相关文献。

目前，图像的目标检测任务算法都是围绕着图像特征提取和物体位置回归这两方面展开优化的。优化的思路是，为了使检测网络能够更好地组合各个尺寸的图像特征，二阶段检测器使用的是特征金字塔网络（Feature Pyramid Network，FPN），FPN 能够融合不同尺度的特征图，这就增加了二阶段检测器的性能。和图像分类任务一样，提升目标检测任务的性能同样可以使用强化学习的方式来搜索并生成高效的 FPN。

目标检测任务已经得到了充分的发展，其中以 Faster R-CNN 和 YOLO 为代表的两种算法是提升准确率和速度的代表，但是这些算法还远远没有达到 CNN 算法性能的上限，并且目前还有一系列的问题没有得到解决，比如，对遮挡物体的检测、小物体的检测及发生形变的物体的检测。对产业界来说，如何在保持高精准度的同时，其速度也能达到产业界的高需求，这仍是一个持久的研究课题。

向初学者和从业人员推荐一些数据集。

（1）Pascal VOC。Pascal VOC 是目标检测任务中经常被用到的一个数据集，它总共有 20 个分类，是一个适合新手入门的数据集。

（2）MSCOCO（Microsoft Common Objects in Context）。MSCOCO 是由微软建立的数据集，它总共有 80 个类别，包括 12 万张图片、4 万张测试图片。它是目前学界用于检测网络性能的重要数据集之一。

（3）OpenImage。这是由 Google 提出的数据集，每年 Kaggle 平台上都有相应的目标检测比赛。该数据集共有 190 多万张图片和 600 个类别，还包括了

1600 多万个边框，是一个极具挑战性的数据集。

6.3.3　图像分割任务

图像分割任务是指将图像细分成多个子区域的过程，其目的是简化或改变图像的表现形式，使得图像更容易被理解和分析。图像分割任务通过对图像中每个像素点的分类来定位图像中物体的边界。在二十世纪七八十年代，研究者就开始了对图像分割任务的研究。传统的实现图像分割任务的方法可以概括为以下四类。

（1）基于阈值的分割方法。该方法的基本思想是，通过基于图像的灰度特征计算一个或多个阈值，并将图像中的每个像素点的灰度值与阈值做比较，最后根据比较结果，将像素点分到对应的类别中。

（2）基于边缘的分割方法。该方法是通过检测包含不同区域的边缘范围来解决分割问题的。

（3）基于区域的分割方法。它是直接寻找分割区域的一种图像分割方法，主要有两种形式：一种是从单个像素点出发，然后逐步合并多个像素点，以此形成所需要的分割区域；另一种是从图像出发，将图像逐步分割成所需要的区域。

（4）基于图论的分割方法。它是将图像分割问题与图的最小割（Min Cut）问题相互关联的一种方法。具体步骤是，它将图像映射为带权无向图 G，图中每个节点 N 对应于图像中的每个像素点，每条边连接着一对相邻的像素点，边的权值表示了相邻像素点之间在灰度、颜色或纹理方面的非负相似度。对图像做一次分割 S 就是对图做一次剪切，被分割的每个区域 C（$C \in S$）对应着图中的一个子图。做分割的最优原则就是使划分后的子图在图像内部保持最大相似度，并让子图之间的相似度达到最小化。该方法的本质就是通过移除特定的边，将图像划分为若干个子图从而实现分割。

以上这些方法的基本思想都是根据图像中不同物体的边界信息，人工推理出一个阈值，该阈值只要能够把不同物体的边界划分清楚即可。其好处是，这些方法不需要提前学习，且处理速度快。不足之处是它们都需要做大量的前期推理，另外对物体间的边界的定义也不够清晰。

下面介绍深度学习的方法。前面介绍过 CNN 在提取图像特征和实现图像分类任务上的优势，为了更加明确图像分割任务，我们将传统的图像分割任务细分为语义分割（Semantic Segmentation）和实例分割（Instance Segmentation）。语义分割指的是，能够让计算机知道图像中每个像素点属于哪个对象类别。这个对象类别是预先设计好的，其中背景属于一个特殊类别，一般用 0 值掩码表示背景类，且同类之间不做区分。实例分割是指，在语义分割的基础上，对同一类别中的不同物体再进行一定程度的分割，从而能更加详细地知道每个物体类别之间的边界。我们通过对比图来查看语义分割和实例分割的区别，图 6.3.7（彩色效果见文后彩插）是语义分割示意图，可以看到不同类别的物体使用不同颜色区分了出来，同类的物体使用同样的颜色。图 6.3.8（彩色效果见文后彩插）是实例分割示意图，在语义分割的基础上，同类别不同的物体使用不同的颜色表示了出来，这让物体之间更有区分度。

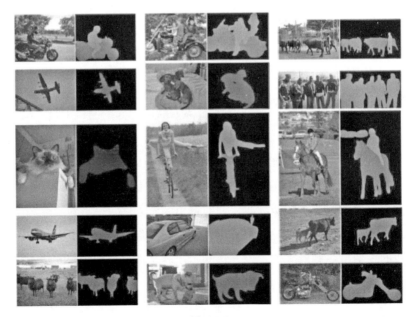

图 6.3.7

图 6.3.8

语义分割和实例分割的方法都是基于深度学习的方法，都需要先确定图像中每个像素点是属于哪个类别或背景类，这样我们只需关注某些特定的类别，而不是物体的全部边界。目前，业界对任务的主流解决思路是，先找出属于同一个物体的模块，然后再对这些模块内部的像素点做边界处理。

我们知道，CNN 通过池化层来缩小特征图的尺寸，以及提取更高维度的特征。我们可以使用池化层扩大 CNN 的感受野，同时也需要使用浅层特征确定每个像素点的分类任务。我们介绍一个关于语义分割的具有代表性的网络——FCN（Fully Convolutional Network）[4]，FCN 就是按照以上思路来做语义分割的。

图像分类任务中的 CNN 使用全连接层进入 Softmax 函数，之后就可以获得每个类别的置信度，那么 FCN 是如何对一幅图像中的所有像素点做分类的呢？首先，FCN 把图像分类任务中的 CNN 的最后一层全连接层换成卷积层，这样就可以得到 N 维度的特征图，其中 N 维度就是类别的最终数量，并且背景均被视为一类。然后，FCN 通过 Softmax 函数对图像中每个像素点在类别维度上进行计算，从而获得每个像素点的类别。FCN 的结构如图 6.3.9 所示。

我们简单解释一下以 FCN 为代表的基于深度学习方式的图像分割任务的原理。首先，FCN 以不断池化的方式减小特征图的尺寸，并获得特征图的区域的卷积特征，从而确定了物体的大概轮廓。然后，FCN 对缩小的特征图做上采样操作，目的是还原图像的原尺寸，并确定物体的像素级别的边界。综上所述，其整体思路就是，通过池化的方式确定图像中每个物体的大致类别，同时 FCN 在进行上采样的时候，更加关注每个像素点是否属于这个类别。全卷积的操作方式能兼顾全局特征和细微的像素点特征。由于 FCN 在池化的时候把很多图像的细节特征信息都忽略了，所以 FCN 只能提取物体的大体轮廓，并不能对物体的边界进行细致化分析，这使得语义分割能力受到很大程度的限制，后续的改进方法基本上是在 FCN 基础架构下进行的。

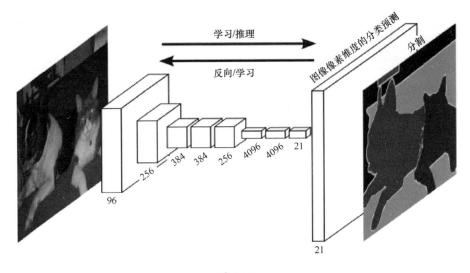

图 6.3.9

关于实例分割，它是在语义分割的基础上增加了对同一类别的不同物体的像素分割，以此区分不同物体的边界。这里介绍一个具有代表性的网络 Mask R-CNN[5]，它继承了目标检测网络 Faster R-CNN 结构的思想。它进行实例分割的过程是：首先，提取出物体的边界框和对应分类，然后在这个任务的基础上，在每个物体内部添加每个像素点的类别损失。整体结构如图 6.3.10 所示，Mask R-CNN 能够详细分割出图中每个人的边界。

随着深度学习的发展，与图像分割任务有关的技术也得到了快速的发展，人们对图像分割任务的理解也随之发生了变化。但是，如果能让计算机"知道"图像中的每个像素点都属于什么类别，并做到完全正确的分割，对于学界来说，仍有很长的路要走。我们知道，图像分类任务之所以能够超越人类对于图像的识别能力，这归因于 ImageNet 数据集的建立。同样地，如果能够建立与图像分割任务有关的大型数据集，这将对图像分割算法的发展具有更为重要的意义。

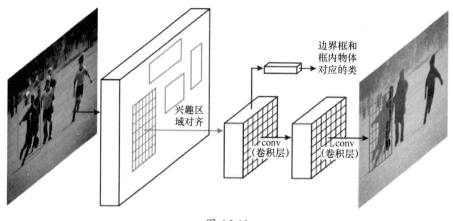

图 6.3.10

图像分割算法广泛应用于医学图像领域，但是由于与医学图像有关的数据非常难以获取，同时研究者要对图像进行像素级别的人工标注，这需要消耗大量的人力和物力，如何使用弱监督的方法对图像进行预处理，以减少人工标注的成本，这也是未来研究者需要解决的重要问题之一。

我们向初学者和从业者介绍一些知名的数据集。

（1）KITTI，是目前自动驾驶领域里测试图像分割算法的重要数据集之一，数据集包括语义分割和实例分割两条赛道。

（2）Cityscapes，也是自动驾驶领域里的重要数据集之一，包含语义分割、实例分割和全景分割三类数据集。

（3）MSCOCO，是包含实例分割的数据集。在一般情况下，如果人们需要测试最新的实例分割算法，那么都会用到这个数据集。

6.3.4　主流任务的前沿进展

除上面介绍的有关图像处理的三个基本任务外，由于产业界对图像或视频还有更多的任务需求，因此本节我们介绍其他一些主流任务的前沿进展情况。

1．人体骨骼关键点检测任务

人体骨骼关键点检测任务对于描述人体姿态及预测人体行为都是极为重要的，该任务在多个领域都有非常重要的应用，比如，动作分类、异常行为检测和无人驾驶等领域。对于 2D 图像，目前主流的算法是基于深度学习的检测方法，其算法分为两个方向：自上而下（Top-Down）的算法和自下而上（Bottom-Up）的算法。自上而下的算法的基本思想是，先通过目标检测的方法把图像中的所有人检测出来，然后使用人体骨骼关键点检测任务算法检测每一个人的各个关键点。自下而上的算法的基本思路是，首先对整幅图像进行人体骨骼关键点检测，然后通过关键点聚合的方法，把各个关键点组合成一个人。人体骨骼关键点检测任务属于目标检测任务的细分任务之一，人体骨骼关键点检测任务算法用于提取人体的特征，并预测每个关键点的位置。图 6.3.11 是 MSCOCO 数据集中的人体骨骼关键点图，在 MSCOCO 数据集中，每个人有 17 个关键节点。

图 6.3.11

知名数据集包括：

（1）MSCOCO 数据集同时还是多人人体骨骼关键点检测数据集，每个人的关键点是 17 个，标注样本 30 万个，它是检验最新算法性能的必备数据集。

（2）AI Challenger[6]也是多人人体骨骼关键点检测数据集，每个人的关键点是 14 个，标注样本 38 万个，标注样本质量非常高，它同样是检验最新算法性能的必备数据集。

2．目标跟踪任务

目标跟踪任务就是在视频的每帧图像中找到目标物体的位置，目标跟踪任务又分为单目标跟踪任务和多目标跟踪任务，本节我们主要介绍基于深度学习的单目标跟踪任务算法。自从孪生网络（Siamese Network）出现之后，该网络在提取图像特征及计算不同角度的物体的相似度上具有很大的优势。这就和目标跟踪任务的判别式方法有着许多相同之处，判别式方法概括来说就是计算机先使用检测网络检测出目标物体，然后对目标物体进行特征匹配和特征识别。2018 年，商汤科技（Sense Time）提出了基于孪生网络的单目标跟踪任务算法 SiamRPN（Siamese Region Proposal Network），相比于以前的算法，如 SiamFC（Fully-Convolutional Siamese Network），其性能有了极大的提升。图 6.3.12（彩色效果见文后彩插）演示了不同算法对目标跟踪的结果。

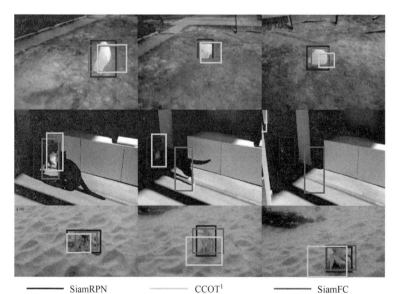

―― SiamRPN　　　―― CCOT[1]　　　―― SiamFC

图 6.3.12

---

1. CCOT，英文全称 Continuous Convolution Operators，意为连续卷积算子。

值得一提的是，SiamFC 算法开创了使用孪生网络提取目标特征的先河。SiamRPN 算法是以单样本（one-shot）形式进行的特征匹配单目标跟踪算法，它是对 SiamFC 算法的改进，由于不必一一配对，而是使用目标检测任务的 RPN 形式提出候选框，这使得计算机运算速度更快、效率更高。

目标跟踪任务在安防、自动驾驶等领域发挥着很重要的作用。同时，兼顾速度和准确率的目标跟踪任务算法非常受产业界的欢迎。

3. 场景文字识别任务

场景文字识别（Scene Text Recognition）任务指的是对自然场景图像中的文字进行识别。自然场景图像中的文字由于受光照强度、文字大小、字形、字体，以及文字是否变形、是否残缺、是否模糊等因素的影响，计算机对这些文字的识别比传统的光学字符识别（Optical Character Recognition，OCR）难度大很多。

场景文字识别任务通常分为文字检测任务和文字识别任务两个阶段，我们可以使用深度学习的方法来解决。文字检测任务属于目标检测任务的一种，在目标检测任务中，CNN 使用的算法类似于 SSD、YOLO、Faster R-CNN 等算法，但是这些算法并不能直接使用在文字检测任务中，因为场景中的文字和通常用于目标检测任务的物体之间存在着一些差异，具体差异如下：

（1）文字的长宽比变化范围很大。

（2）场景中的文字具有方向性。常规的目标框（bounding box）只能是一个矩形，而场景中的文字可能是任意形状。

（3）在某些场景中，物体的局部特征和文字的特征非常相似，如果不参考全局信息，计算机将会产生很多错误的识别信息。

（4）自然场景中的背景非常复杂，检测算法的鲁棒性不强。

基于以上差异，最近几年，对于场景中的文字检测任务的改造方案，研究者主要是从特征提取、候选区域提取、目标框的设计、非极大值抑制（Non Maximum Suppression，NMS）方法和损失函数等几个方面加以改进的。

场景文字识别模型的主要工作是将文字区域里的每个文字正确地识别出来，目前通用的做法是使用 CRNN 来完成这个任务，具体步骤是：首先使用 CNN 的网络结构提取图像的特征，然后把提取到的图像特征输入 RNN 中，以此完成最终的文字识别任务。

场景文字识别技术拥有广泛的应用场景，在物流、教育、视频直播、电子商务、旅游等领域都有着重要的应用。

4．图像描述任务

图像描述（Image Caption）任务，即看图说话，就是让计算机根据输入的图像输出一段用来描述这幅图像的精准语句。目前，图像描述任务在算法方面还处于探索阶段，但是这个任务是连接计算机视觉和 NLP 之间的一个桥梁，能够体现出计算机对图像在更高维度上的理解。目前，解决图像描述任务的算法的主要框架是基于图像的编码，即通过自然语言解码的方式来完成。图 6.3.13 是图像描述任务算法流程图，具体流程是：先向计算机输入一幅图像，然后使用 CNN 的结构提取特征向量，之后使用 LSTM 网络把图像的向量进行解码，最终生成图像描述语句。

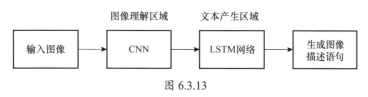

图 6.3.13

图像描述任务可以让计算机更深入地理解图像，该任务适用于教育、视频直播、视频理解和视频分类等领域。和图像描述任务相关的数据集主要有：

（1）MSCOCO。它是以英文为主的图像生成语句数据集，数据集中的每张图片分别对应 5 个英文句子。

（2）AI Challenger。它是全球首个以中文描述图像语句的数据集，数据集中的每张图片分别对应 5 个中文句子。

两位笔者曾参与了 AI Challenger 数据集的设计过程，该数据集共有 30 万张图片，其中 21 万张图片作为训练集，9 万张图片作为测试集，如图 6.3.14 所示。每张图片有对应的 5 个句子。收录到数据集里的句子需满足的条件是：句子在通顺的前提下，能简洁明了地描述这张图片里的内容，同时 5 个句子的句式结构也需要不一致，这也保证了句式的多样性。有兴趣的读者可以前往 AI Challenger 官网下载数据。

1. 厨房里有一个左手端着碗的女人和一个女孩在看一个右手拿着刀的男人切蔬菜
2. 个长发披肩的女人身前有一个面带微笑的女孩看着一个男人在厨房里切菜
3. 厨房里一个女人的前面有一个左手拿着彩椒的女孩看着一个面带微笑的男人切菜
4. 厨房里两个人旁边有一个弯着腰的男人在切菜
5. 洁净的屋里两个面带微笑的人旁有一个右手拿着刀的男人在切菜

1. 湖边有一个坐着的男人和一个跪在垫子上的女人在木板上下国际象棋
2. 水边的台子上两个衣着休闲的人在下国际象棋
3. 湖边有两个面带笑容的人在木板上下国际象棋
4. 室外两个穿着深色上衣的人在下国际象棋
5. 海边的台子上有两个衣着各异的人在下国际象棋

图 6.3.14

5. 图像生成任务

图像生成任务主要是通过生成对抗网络（Generative Adversarial Net，GAN）实现的。GAN 是指在 CNN 中我们以博弈论的方式引入一个对抗过程，以此搭建一个框架及生成一个网络结构。我们可以理解为，在这个框架内，通过训练两个模型来模拟两个模型间的相互对抗，一个模型是生成模型 G，用来获取训练数据的分布；一个模型是判别模型 D，用来判断一个样本是训练数据，还是生成模型 G 生成的数据。整个对抗过程就是，在生成模型 G 生成新的数据后，这些数据进入判别模型 D 中，判别模型 D 对其进行判别。如果判别模型 D 不能完全判断出数据是新生成的数据还是训练数据，那么这个生成模型 G 的训练就完成了。通常来说，研究者根据生成的数据的"好坏"程度判断 GAN 是否训练成功。

2014 年，GAN 在一出现时就受到了学界和工业界的关注，研究者开始尝试通过生成模型 G 和损失函数来改进 GAN。图 6.3.15（彩色效果见文后彩插）依次展示了通过 GAN 产生的手写数字图片［图 6.3.15（a）］、人脸图片［图 6.3.15（b）］和动物图片［图 6.3.15（c）（d）］。我们能看出一个大概的轮廓，但是其细节还不能满足实际应用的要求。

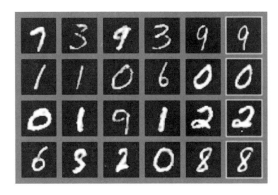

(a)

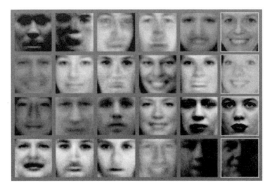

(b)

图 6.3.15

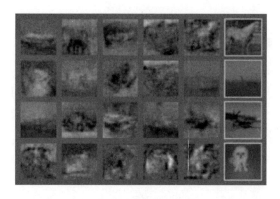

(c)

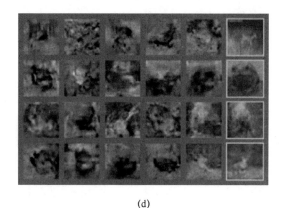

(d)

图 6.3.15（续）

随着 GAN 技术的发展，研究者可以使用 GAN 模拟生成关于图像、文字和音视频等各个方面的数据，具体应用包括：图像、视频的生成，图像修复，图像着色，图像风格迁移及人机交互。

6．人脸检测任务和人脸识别任务

人脸检测任务和人脸识别任务是两个不同的任务，但是在一般情况下，人脸识别任务算法包括了人脸检测任务的全过程。

人脸检测任务，顾名思义，就是检测一幅图像（或一段视频）中是否有人脸，同时还要对人脸的位置进行精确定位。图 6.3.16 展示的就是人脸检测的结果。人脸检测任务是目标检测任务的一个具体方向，但是通用的目标检测模型并不一定适用于对人脸的检测，主要原因是：人脸在图像中的位置不确定，人脸的长、宽比变化范围很大，人脸出现的角度和表情也千变万化，以及人脸是否被其他物体遮挡等，所以我们需要在原来的网络结构基础上改进一部分网络结构，以便满足人脸检测任务的需要。目前，改进工作包括以下几方面：

（1）修改 anchor（锚）操作，让人脸检测网络能检测出更小的人脸。

（2）修改 NMS 操作，让人脸检测网络能检测出部分被遮挡的人脸。

（3）修改 FPN 操作，让人脸检测网络能提取多尺度的人脸特征，同时对多层人脸特征进行上下文感知。

（4）修改损失函数，让人脸检测网络更快收敛，鲁棒性更强。

图 6.3.16

人脸识别任务的目标就是基于人的脸部特征信息进行身份识别。人脸识别任务的过程一般包括人脸检测、人脸对齐和人脸特征表示。人脸对齐是根据人脸的一些关键点（比如鼻子、眼睛和嘴巴）对不同角度和表情的人脸通过一些操作（比如平移、缩放和旋转），与一张标准的人脸“对齐”，这能为之后的人脸特征表示操作提供便利。

最近几年，人脸识别网络的主要工作就是让 CNN 能够学习到更加丰富的人脸特征表示，为后续的人脸验证提供服务。所以，大多数模型都是围绕着如何能让 CNN 学习到更加丰富的人脸特征而建立的。读者如有兴趣，可以自行查阅相关文献。

6.4　基于机器学习的计算机视觉实践

上节我们介绍了计算机视觉任务的一些基本概念和相关理论，为方便读者学习，本节我们通过介绍一些实践案例来详细阐述计算机视觉在产业界的应用。

6.4.1　目标检测比赛

2019 年，在国际顶级计算机视觉竞赛 Pascal VOC 的目标检测 comp4 赛道上，笔者所在的创新奇智图像算法团队（本节简称团队）获得了目标检测 comp4 赛道的冠军，本节我们将详细介绍该解决方案。

我们知道，Pascal VOC 数据集包含 20 个类别，训练数据集共有 11 540 张图片和 27 450 个物体，在团队参赛之前，已经有多家国内外知名公司和多所高校在这个赛道上尝试过自己的算法。可以说，该数据集是检验目标检测任务算法能力的热门数据集之一。

首先，我们分析一下该数据集。在该数据集的 20 个类别中，物体的大小分布不均匀，不同类别的样本数量差距也巨大，所以团队需要使用一些数据增强的方法来扩充该数据集，同时提升网络的性能。我们主要使用填充小物体的方法来实现，如图 6.4.1 所示。

图 6.4.1

填充小物体的具体做法是：从一幅图像里面选取尺寸小于某个阈值的小物体，将该物体填充在图像的其他空白区域，在填充的时候，我们需要在背景和前景物体之间的区域做平滑处理。

由于数据集中有很多物体被遮挡，这导致检测网络性能受限，因此我们需要通过 Mixup 方法混合两幅图像，最终形成一幅图像。图 6.4.2 是 Mixup 方法工作示意图，这样做的目的是使网络能够学习到被遮挡物体的特征，以提升网络对遮挡物体的部分检测能力。

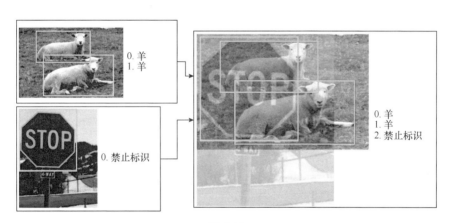

图 6.4.2

然后，我们考虑有关检测模型的问题。我们发现，如果用于提取图像特征的网络结构越大，那么就越能提取更好的图像特征，我们将其作为骨干网络。在这里，骨干网络首先使用 ResNet152 网络结构作为基础网络，然后使用 FPN 结构融合多尺度特征，最后再连接两个网络结构作为分支，其中，一个网络结构负责图像分类，一个网络结构负责候选框的回归操作。因为数据集存在样本不均衡的问题，所以我们使用 Focal-loss 损失函数作为二分类的损失。

在确定了检测网络后，我们开始训练模型，并输出结果。这里采取的是图像多尺度融合来选择输出的结果。具体流程如图 6.4.3 所示。

图 6.4.3

因此整个流程就是，把测试的图像缩放成多个不同的尺寸，其中，我们让大尺寸图像预测的结果能更加"关注"小物体，让小尺寸图像预测的结果能更加"关注"大物体，这样的融合模式能让整个目标检测网络同时兼顾对大物体和小物体的检测。图 6.4.4 是算法节点图。

从图 6.4.4 可以看出，我们使用了把多种方法加以融合的策略，有效地解决了数据集中数据分布不均衡的问题，也精准地提升了检测网络的准确率。图 6.4.5 是 Pascal VOC 挑战赛公布的最终排名，团队提出的算法在 20 个类别评测指标中，有 10 个类别排名第一，最终取得了总成绩第一。

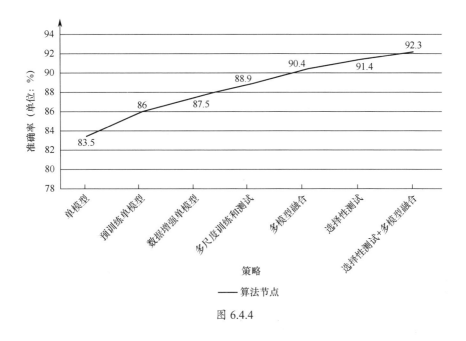

图 6.4.4

6.4.2　蛋筒质检

我们对冰激凌都不陌生，其中盛放冰激凌的蛋筒的质量尤为重要。蛋筒质检是团队为蛋筒生产商提供的用于检测蛋筒质量的一种解决方案。生产商在蛋筒生产流水线上设置一个检测蛋筒质量的占位，当蛋筒生产出来后，都要经过这个占位进行质量检测，只有质量达标的蛋筒才能通过，而质量没达标的蛋筒则无法通过，它们在被检测出来后，会被生产线上的机器剔除出去。图 6.4.6（彩色效果见文后彩插）是正常的蛋筒，我们把可能出现的各种不合格的情况进行了定义，如图 6.4.7（彩色效果见文后彩插）所示，共有 9 种不合格情况。

根据 9 种不合格情况，我们考虑以下两种解决方案：

（1）基于规则的模板匹配任务。由于存在正常的蛋筒和已定义好的各种不合格的蛋筒，我们使用传统的图像处理方法，对每个将要被检测的蛋筒的图像做模板匹配，并根据匹配结果，判断蛋筒是合格还是不合格，以及如果不合格，是属于哪种不合格情况。这种方法只涉及图像处理和模板匹配任务，其运算速度非常

模型	mean	aero plane	bicycle	bird	boat	bottle	bus	car	cat	chair	cow	dining table	dog	horse	motor bike	person	potted plant	sheep	sofa	train	tv/ monitor	submission date
** AInnoDetection ** [?]（创新奇智 →）	92.3	96.6	95.3	94.4	87.5	87.3	94.4	94.1	98.4	82.6	96.5	82.9	97.9	96.0	96.2	95.0	79.8	95.7	86.9	96.5	91.0	01-Jul-2019
** AccurateDET (ensemble) ** [?]	92.3	97.0	95.2	92.6	88.7	87.3	92.9	95.2	96.9	83.4	96.4	83.4	97.0	96.2	96.5	95.7	82.0	95.2	86.6	95.1	91.3	18-Jun-2019
** AccurateDET ** [?]	91.3	96.6	95.1	91.5	87.2	87.0	92.2	94.0	96.5	83.4	96.1	84.1	96.1	96.4	95.8	95.7	79.7	95.1	85.1	94.6	90.1	17-Jun-2019
** tencent_retail ftcDET ** [?]	91.2	96.1	94.9	92.7	85.8	88.4	93.5	94.9	94.8	80.0	96.7	78.8	96.7	96.4	96.0	95.9	79.0	95.9	83.1	95.0	88.5	21-Jan-2019
** Sogou_MM_GCFE_RCNN(ensemble model) ** [?]	91.1	95.9	94.6	93.3	86.2	87.1	97.1	94.4	81.1	77.1	96.5	77.1	96.5	96.6	95.8	96.0	77.9	95.4	84.1	95.0	89.5	25-Sep-2018
** Sogou_MM_GCFE_RCNN(single model) ** [?]	91.0	95.9	94.1	93.3	86.2	87.0	93.1	97.1	81.1	77.1	96.5	77.1	96.5	96.6	95.8	96.0	77.9	95.4	84.1	94.9	89.5	25-Sep-2018
FXRCNN (single model) [?]	90.7	96.4	92.0	93.3	84.3	87.1	92.8	97.4	80.7	76.0	96.7	77.1	96.7	96.7	95.6	95.6	78.3	95.5	83.4	95.4	88.0	13-Jul-2018
ATLDET [?]	90.7	96.0	94.9	94.9	87.1	87.6	93.0	97.5	80.7	76.0	96.7	76.0	96.7	96.2	95.6	95.5	78.3	94.6	83.3	95.4	89.2	13-Aug-2018
Aii_DCN_SSD_ENSEMBLE [?]	89.2	95.4	93.7	91.8	85.2	87.6	94.5	97.6	75.7	75.7	95.8	75.6	96.6	95.8	95.5	95.5	78.3	95.2	82.5	94.8	87.7	28-May-2018
VIM_SSD(COCO+07++12, single model, one-stage) [?]	89.0	96.0	93.0	90.3	83.4	81.7	92.4	93.4	97.5	80.7	94.1	74.2	96.4	96.2	94.2	93.3	72.5	94.1	82.8	94.6	87.2	27-Jun-2018
FOCAL_DRFCN(VOC+COCO, single model) [?]	88.8	95.0	93.3	91.8	82.9	81.9	91.9	93.0	96.2	77.5	93.3	75.1	96.2	94.9	93.7	93.6	72.0	93.6	82.7	94.5	86.6	01-Mar-2018
R4D_faster_rcnn [?]	88.6	94.6	92.3	91.3	82.3	79.4	91.6	97.1	92.5	76.7	92.5	71.7	96.2	94.2	94.2	93.7	75.3	93.3	80.0	94.7	85.4	20-Nov-2016
R-FCN, ResNet Ensemble(VOC+COCO) [?]	88.4	94.8	92.9	90.6	82.4	89.9	91.8	97.1	93.6	76.6	93.4	75.3	97.0	94.6	93.5	92.6	75.1	92.0	80.9	94.4	86.5	09-Oct-2016
FF_CSSDVOC+COCO, one-stage, single model) [?]	88.4	94.8	93.5	90.8	82.8	90.4	91.7	97.1	93.4	76.0	92.7	71.9	96.6	94.3	93.9	92.8	75.7	91.9	80.8	93.6	86.4	28-May-2016
HIK_FRCN [?]	87.9	95.0	93.2	91.3	80.3	77.7	90.6	96.9	92.7	75.1	96.6	74.2	95.7	95.1	94.2	93.0	71.6	93.9	81.9	94.1	86.7	19-Sep-2016
VIM_SSD [?]	87.6	95.3	92.0	88.7	81.6	80.3	91.4	93.2	94.9	74.9	97.2	73.5	95.9	95.4	94.0	91.8	72.7	92.8	81.1	94.1	86.2	11-May-2016
** Deformable R-FCN, ResNet-101 (VOC+COCO) ** [?]	87.1	94.0	91.7	88.5	79.4	78.0	89.7	96.9	93.1	74.2	95.9	71.3	95.9	94.8	93.2	92.5	71.7	91.8	78.3	93.2	83.3	23-Mar-2017

图 6.4.5

快，但是由于数据量较少，我们不能使用穷举的方法概括所有的可能性。因此，这样的算法对已经定义的不合格情况的匹配效果较好，但是对于未定义的不合格情况，算法的准确率会很低。

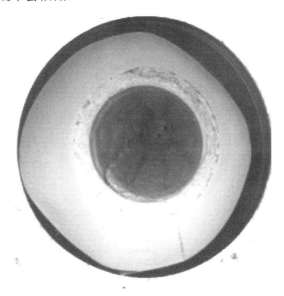

图 6.4.6

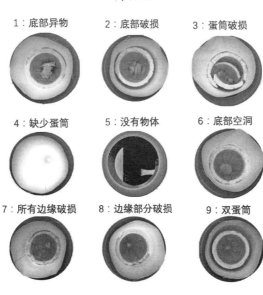

图 6.4.7

（2）基于深度学习的图像分类任务。团队把蛋筒分成 10 个类别，即 1 个合格类别，9 个不合格类别。这样做的好处是，每个类别都能被清晰定义，而且每个类别都有属于它的图像特征，因此深度学习的图像分类模型能很好地学习到图像的特征。在选择图像分类模型时，团队既要考虑分类模型的分类准确率，还要考虑其推理速度。同时，在早期的算法策略中，团队以"宁可错杀 1000 个，也不放过任何一个不合格蛋筒"为原则，以此提高不合格蛋筒的召回率。具体做法是，我们大幅提高合格类别的置信度阈值，当预测算法大于这个置信度阈值时，蛋筒才被认为是合格的，同时我们也要降低各个不合格类别的置信度阈值。在实际的生产线上，生产商还需要增加一道人工检测程序，该程序的主要作用是挑选出那些被判为不合格类别但实际为合格类别的蛋筒，并将它们重新放入包装盒内。当线上的数据回流（线上实际测试）之后，将回流的数据重新"喂"给模型，并再次训练模型，从而逐步提高不合格类别的置信度阈值。这样的图像分类模型能够在保证准确分类的同时，提高其召回率，以此满足实际生产的需要。

实际上，团队采用的是第二种方式，即通过图像分类任务来解决这个问题。当然，在训练图像分类的时候，我们还使用了一些数据增强的方式，如图像翻转、图像亮度调节、图像对比度及随机裁剪（crop）等基本的图像处理操作，其目的是提升图像分类器的性能。

6.4.3 智能货柜

智能货柜是最近几年 AI 技术在智能零售领域的一个新的尝试。用户使用智能货柜就像打开自家冰箱一样方便，即打开货柜，随机选取商品，然后合上货柜，最后用户通过 AI 技术直接支付费用。目前的解决方案包括：

（1）基于 RFID（Radio Frequency Identification，射频识别）的解决方案。我们给每件商品贴上物理的 RFID，这就能确定每件商品（即每个物体）的类别，同时商品的个数也能确定。

（2）基于图像的解决方案。该方案主要解决的问题是如何能精确地识别出图片中每件商品的类别，并能进行精确计数。我们以智能货柜里每层货架上的摄像头抓取的图片为例，如图 6.4.8 所示。

图 6.4.8

如何才能实现智能结算呢？我们使用"分而治之"的方法，即通过算法将每层货架上的所有商品类别和商品数量识别清楚，这样我们就能知道智能货柜里所有商品的类别和数量，当用户取走一件或多件商品时，通过精准地盘点每层货架上的商品在开门前和开门后的数量，我们就知道了用户取走的商品类别和商品数量，也就实现了智能结算。

怎样才能正确地识别出每张图片里所有商品的类别和数量呢？我们来思考一个问题：哪些方法能完成这个任务？这里，我们用目标检测任务和图像分类任务相结合的方法解决这个问题。首先，我们利用目标检测任务的算法将图片中的每件商品检测出来，然后再对商品进行分类。可能有读者会有疑问：目标检测网络自身就带有对物体分类的功能，为什么我们还要对每个物体（这里指商品）进行分类呢？这是因为目前最优的目标检测任务算法在 MSCOCO 数据集上只能取得 0.5 的 MAP 值，无法满足实际场景的需要。另外，为了拍到每一层货架上的所有商品，我们使用了超大广角摄像头，而这类摄像头会使图片的边缘部分发生畸变。如果只用目标检测任务的方法，我们就需要标注更多的图像。其结果是在增加了工作量的同时，真实的准确率也得不到有效提升。所以，我们使用目标检测任务和图像分类任务相结合的方法完成这个任务。

该方法的另外一个好处是，对于同一品牌同一系列的不同商品来说，虽然它们的外包装相似，但是各自的售卖价格可能会不一样，因此对于这类商品，我们使用图像分类任务的方法对其进行分类，而单纯的目标检测网络是做不到这一点的。具体做法是，我们都知道目标检测模型有两个损失函数，一个是分类的损失函数，另一个是目标框回归的损失函数。我们把目标检测模型分为两类，一类是前景，指所有的商品；另一类是背景，除产品之外的所有信息都属于背景。同时，我们通过增大目标框回归损失（loss）的权重，让目标检测模型对商品目标框的定位更加精准，从而减弱分类的权重。在目标检测模型检测出每件商品之后，再将每件商品放入分类模型中进行图像分类，最后再把结果拼接起来，就得到了如图 6.4.9 所示的结果。

图 6.4.9

目前，计算机视觉技术已与深度学习进行了深度绑定，越来越多的研究者开始注意到使用深度学习的方法能让计算机对图像或视频有不同层次的理解，这就让许多技术最终能走出实验室，并应用于各个领域的实际场景中，比如，在无人驾驶领域，研究者利用基于深度学习的计算机视觉技术，让无人驾驶变成了现实；在工业视觉领域，虽然视觉技术早已应用于该领域，但之前可以完成的任务非常有限，而现在，应用于工业界的摄像头更加智能化，不仅能让工业计算机对工业原件做瑕疵检测，还可以对其进行正确分类。因此，越来越多的研究者认为，AI 技术将会给工业界带来新一轮的革命。同时，由于目前的深度学习的方式需要通过大量的数据集去训练针对某一个特定任务的模型，并且不具有通用性，因此，有些任务的准确度和运算速度还不能满足工业界的需要。所以未来对计算机视觉技术的研究，仍有很长的一段路要走。

目前，计算机视觉技术的发展还存在一些瓶颈，我们归结为以下三类核心问题。

（1）机遇和挑战并存。以深度学习技术为主导的 AI 技术将在计算机视觉领域发挥更加重要的作用，这也是行业从业者的普遍认识。但是基于深度学习的AI技术并非是完美的，还需有基础硬件、计算力、存储等硬件的支持。

（2）安全性缺失。由于 CNN 具有黑盒的特性，目前业界仍没有有效的方法可以检测和察觉外部欺骗神经网络的行为。

（3）基于深度学习的计算机视觉技术是以全监督的方式来学习的，即技术过于依赖数据集。而真实世界中存在着大量没有标签的数据，所以半监督学习和无监督学习才是让计算机更加智能化的有效方式。

本章参考文献

[1] Krizhevsky A., Sutskever I., Hinton G . E.. Imagenet Classification with Deep Convolutional

Neural Networks. Advances in Neural Information Processing Systems. 2012.

[2] Zoph B., Vasudevan V., Shlens J., et al. Learning Transferable Architectures for Scalable Image Recognition. Proceedings of the IEEE Conference on Computer Vision and Pattern Recognition. 2018.

[3] Redmon J., Divvala S., Girshick R., et al. You Only Look Once: Unified, Real-time Object Detection. Proceedings of the IEEE Conference on Computer Vision and Pattern Recognition. 2016.

[4] Long J., Shelhamer E., Darrell T.. Fully Convolutional Networks for Semantic Segmentation. Proceedings of the IEEE Conference on Computer Vision and Pattern Recognition. 2015.

[5] He K., Gkioxari G., Dollár P., et al. Mask R-CNN. Proceedings of the IEEE International Conference on Computer Vision. 2017.

[6] Wu J., Zheng H., Zhao B., et al. AI Challenger: A Large-scale Dataset for Going Deeper in Image Understanding. arXiv preprint arXiv. 2017.

第7章

深度学习模型压缩与加速的
技术发展与应用

刘　宁　滴滴资深研究员

唐　剑　滴滴智能控制首席科学家

本章内容将聚焦于深度学习模型的压缩和加速这两个概念，这两个概念通常是一起出现的。一般来讲，深度学习模型在经过压缩和加速后，在大部分情况下，其运行速度都能有所提升，并且模型尺寸能大幅度减小。本章我们会基于近几年比较经典的几篇论文来介绍模型压缩和加速的相关技术。同时，我们还将介绍一个新的系统框架（Systematic Framework）方法，该方法可以用于压缩相对复杂、全面的模型，以达到优化模型的目的。同时，该方法还可以将不同的问题或者限制包含在优化问题中，并利用数学方法求解。由于笔者长期从事交通出行方面的工作，本章最后还将介绍三个与交通出行相关的场景，它们都用到了模型压缩和加速的相关技术。

可能有读者会注意到，与深度学习模型压缩和加速相关的论文最初都发表在 ICML[1]和 NeurIPS[2]上，后来在 CVPR[3]和 ICCV[4]上才慢慢出现了相关主题的论文，因此，深度学习模型的压缩和加速逐渐成为最近几年 AI 领域一个相对热门的方向。

7.1　深度学习的应用领域及面临的挑战

7.1.1　深度学习的应用领域

"Deep learning is everywhere"（深度学习无处不在），目前深度学习已经应用于众多领域，一般来讲主要涉及以下三大领域。

---

1. ICML 英文全称为 International Conference on Machine Learning，指机器学习国际会议。
2. NeurIPS 英文全称为 Conference and Workshop on Neural Information Processing Systems，指神经信息处理系统大会。
3. CVPR 英文全称为 IEEE Conference on Computer Vision and Pattern Recognition，指 IEEE 计算机视觉与模式识别大会。
4. ICCV 英文全称为 IEEE International Conference on Computer Vision，指 IEEE 国际计算机视觉大会。

第一个领域是计算机视觉（Computer Vision，CV）。在计算机视觉的关键任务中，目前比较流行也是应用最普遍的任务是图像分类、目标检测和图像分割。这三类任务所用的前沿算法基本上都是基于深度学习的算法。

第二个领域是 NLP。一些经典的任务，例如机器翻译（Machine Translation），以及现在很多公司正在研发的对话机器人，其核心算法都利用了深度学习技术。

第三个领域是语音识别与合成。主要任务有语音合成（Text To Speech，TTS）和自动语音识别（Automated Speech Recognition，ASR）。工业界也有很多基于深度学习的语音技术，例如，语音输入、智能语音和可穿戴设备等。

接下来，我们介绍深度学习在几个相对专业的领域的应用。

第一个是自动驾驶技术领域，深度学习在该领域得到了广泛应用。简单来说，自动驾驶技术可分为感知、融合、决策规划及控制这四个模块。"感知"就如同人的眼睛和耳朵，其作用是收集信息，感知模块主要是指系统通过多种传感器获取外部信息，例如车外环境的视觉信息，包括行人、车辆、障碍物及道路交通标志等道路环境信息。"融合"即系统对多维度感知信息进行关联，例如，在车辆系统中，我们将多种有关联的传感器数据与环境相结合来建立时间与空间的模型，以保证信息的连贯性、可靠性及稳定性。"决策规划"如同人的大脑，系统对感知的各种信息进行分析与判断，其中，"规划"主要是指全局的道路规划，即系统根据起点、终点规划出最优的路线；"决策"指系统在执行规划的道路中，根据环境做出不同的行为决策（例如车辆跟随、超车等）。在自动驾驶领域，"控制"与"决策规划"紧密连接，"控制"是根据"决策规划"的结果对车辆进行操作控制。

第二个是游戏领域。OpenAI 和 DeepMind 是该领域比较知名的两个团队，OpenAI 团队的开源项目 Gym 是一个用于开发和比较强化学习算法的工具包；DeepMind 团队开发的人工智能机器人 AlphaGo 战胜了世界顶级围棋选手，该团队于 2016 年在《自然》杂志上发表了相关文章 *Mastering the Game of Go with*

Deep Neural Networks and Tree Search。

第三个是时空大数据（Spatiotemporal Data）分析。这里的"数据"是指除视觉、自然语言和语音之外的其他种类数据，如轨迹数据。其中，时空大数据分析的一个关键问题是预估到达时间（Estimated Time of Arrival，ETA）。在智能交通领域及位置信息服务中，ETA 是一个既重要又极具复杂性与挑战性的问题。例如，我们需要预估一个城市里某辆车从 A 点到达 B 点所需的时间，这个预估的过程受多种因素影响，如天气、交通状况、红绿灯时长等，这些因素都会对时间的预估造成影响。滴滴团队曾于 2018 年在国际知名的知识发现与数据挖掘竞赛（Knowledge Discovery and Data Mining，KDD）上发表过一篇关于运用深度学习技术估算 ETA 的论文 *Learning to Estimate the Travel Time*，文章中用到了多层感知机（Multi-Layer Perceptron，MLP）及 RNN 等深度学习技术。所以，深度学习的应用场景是非常广泛的。

7.1.2 深度学习面临的挑战

深度学习面临的主要挑战是什么呢？一般来说，性能强大的骨干网络均比较复杂，对应的模型尺寸与运算量也相对较大。例如，对于经典的骨干网络 VGG-16，当 VGG-16 对一张 224×224 分辨率的图像进行分类时，每秒所执行的浮点运算次数（Floating-point Operations Per second，FLOPs）高达百亿次；还有部分骨干网络模型层数较多，例如 ResNet101 即为非常"深"的网络，其网络层数高达百层以上，这些模型的尺寸也非常大，几百万、几千万甚至上亿个权重（参数）也是很常见的。

如何将这些尺寸大、运算量大的模型部署到像手机这类运算资源有限的边缘设备上呢？这是目前业界所面临的一个主要挑战。现在，部分 AI 算法已经成功地应用在了边缘设备上，例如手机的照相功能，该功能可自动识别照片场景，或者检测出照片中的人脸等信息——这些功能都涉及深度学习的相关技术。

我们知道，将一个尺寸很大的深度模型（有几百 MB 甚至几 GB）部署到运算能力相对差的设备上，是一项极具有挑战性的任务，尤其是某些边缘设备内存限制是 1000MB，其设备的算力更无法和 GPU 相提并论，例如车载设备。在这些内存小、CPU 计算频率低的设备上，大的深度模型可能根本无法运行，或者因其占用大量资源导致其他功能难以运行。总体来讲，深度学习模型目前存在的主要问题是模型尺寸过大，导致系统无法在算力、内存和存储非常有限的设备上正常运行。

在设备的算力、内存和存储都非常有限的条件下，如何满足深度学习模型对实时性的要求，这是深度学习面临的另一个挑战。当前大部分嵌入式系统在被部署到设备上时，很多任务或功能都要求达到"实时"响应或者接近"实时"的响应。例如，在驾驶员安全检测系统中，系统在检测驾驶员是否疲劳驾驶、是否打瞌睡时，它就对"实时响应"有很高的要求，如果系统需要几分钟或更长时间才能检测出结果，这就失去了安全检测的意义，事故可能已不幸发生了。因此，一方面，设备存在诸多资源限制，另一方面，我们又要求设备具有较高的实时性。因此，这是深度学习面临的另一个挑战。

很多在国际顶级计算机视觉会议上发表的论文都着重于追求深度学习模型的识别准确率，即通过设计更复杂、更深的模型，或通过多模型融合实现识别准确率的提升。但这类方式并不适用于嵌入式或移动式的场景，主要原因是，在模型设计过程中，我们主要关注模型的识别准确率，却忽略了其尺寸、运算量以及运行速度，其结果可能是系统无法在资源有限的设备上运行。因此，对于以上场景，我们面临的基本问题就是如何合理提升尺寸小的模型的识别准确率。

在计算机系统（Computer System）领域里，有一对既相互联系又相互对立的评价模型识别准确率和对应的模型尺寸的标准：模型识别准确率越高，对应的模型尺寸就越大；相反，模型尺寸减小，其识别准确率也随之降低。在网络系统（Network System）中也存在相似的情况，若要求运算速度快，通常并行能力会变差；若要求并行能力强，总的运算速度就更低。因此，大部分相关论文都致力于能提出一个好的平衡方法。

CNN 是深度学习在计算机视觉领域中使用最多的模型。图 7.1.1 展示的是

CNN 的基本流程，CNN 主要由卷积层（Conv Layer）、池化层（Pooling Layer）和全连接层（Fully Connected Layer）组成。卷积层的主要作用是从输入图像中提取特征，一个卷积层通常由多个卷积核构成，其中卷积核的权重是可学习的。卷积核还有各类参数，例如卷积核大小（1×1、3×3 等）、步长大小。池化层的本质就是（下）采样，对输入的特征图（Feature Map）进行降维，池化可以增强网络的鲁棒性和防止过拟合。全连接层一般负责对提取的特征进行分类。

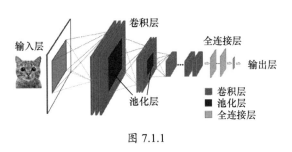

图 7.1.1

7.2 深度学习模型的压缩和加速方法

7.2.1 主流压缩和加速方法概述

通常来说，模型在被压缩（本章如无特别说明，"压缩和加速"称为"压缩"）后，其尺寸会变小，例如层数或卷积数量减少，不过模型在推理时的运算速度基本上都能被加速。这几乎是必然的，但效果不一定很明显。

在介绍主流压缩方法之前，我们先讨论一个问题：如何压缩一个 DNN？神经网络本身是一个结构，或者说是若干矩阵运算，这些矩阵代表的是模型权重。在这些权重中，一部分权重对模型运算的最终结果起关键作用，而另一部分权重则对结果影响甚微，甚至会使结果变差。因此，直观的压缩方法是鉴别出不重要的权重并将其剔除，从而保留重要的权重。另一个直观的想法是，直接设计小尺寸模型，例如我们要使用 ResNet101，但尺寸较大，因此我们可以直接设计一个相对小的、浅层的且结构与 ResNet101 相似的模型，比如只有 10 层的 CNN。这个想法带来的问题是，如何训练小尺寸模型使其精度足够高？如果都用相同数据集训练大小两个模型，能否让小模型的精度与大模型的相似？这是非常具有挑战性的任务，但这个想法的总体思路是正确的。

在本节中，我们介绍三种主流压缩方法。第一种方法叫权重剪枝（Weight Pruning）。简单来说，权重剪枝就是将模型的权重矩阵中冗余的权重修剪掉，保留重要的权重。

第二种方法叫权重量化（Weight Quantization）。简单来说，权重量化就是将权重用少量的比特数表示。例如，通常模型的权重是用 32 比特的浮点数来表达的，而在实际中可能不需要过多比特数表达权重。因此，我们可以将表达权重的比特数减少，极端的情况即为用 1 比特表达权重，在这种情况下，所有权重被二值化，例如权重值均为 1 或–1。

第三种方法是知识蒸馏（Knowledge Distillation）。这是 Hilton 于 2014 年在一篇论文里提出的概念，其思想非常巧妙，也易于理解。该方法不仅能从给定的、已标签好的数据集中学习知识（训练模型），还能从一个大的网络中提取知识来学习。这就像学生在学校学习一样，他们不仅能从教科书上学习知识，还能从老师的指导中学习知识。Hilton 提出的方法相对直观，之后也有其他研究者在这个概念的基础上做了相应的改进。

目前，主流的模型压缩方法主要有五种，除了上述提到的三种方法，还包括以下两种：

（1）矩阵分解。由于 CNN 的计算主要是卷积计算，而卷积计算的本质是矩阵运算，因此我们可以通过矩阵分解来进行模型的压缩。具有代表性的矩阵分解算法包括：CP 分解（Canonical Polyadic Decomposition）、Tucker 分解（Tucker Decomposition）、Block-Term 分解（Block-Term Decomposition）等。但相比于其他模型压缩方法，利用矩阵分解的方式进行模型压缩不容易带来新的突破，一是由于矩阵分解已经是非常成熟的方法，二是由于现在很多网络采用的都是 1×1 的小卷积核，如果采用矩阵分解，则很难对模型进行进一步的压缩。

（2）紧致网络设计（Compact Network Design）。之前提到的模型压缩方法是对原始大模型进行压缩，而紧致网络设计则是直接设计小且快的模型，具有代表性的模型有 MobileNet、ShuffleNet。

7.2.2　权重剪枝

1．权重剪枝的概念

在本节中，我们将具体介绍模型压缩的相关技术。如何能够有效地剪枝深度神经网络（prune DNN）呢？一般来讲，我们要剪枝模型中对最终结果没有影响的权重（即连接），比较直观且评价权重是否有用的方式就是判断权重绝对值是否接近于 0。

我们还会介绍比较经典的剪枝方法，这些方法在近期可能已有新的改进，有兴趣的读者可以自行查阅相关文献。

对神经网络（模型）的剪枝涉及两个方面——权重剪枝和神经元剪枝。神经网络（模型）的剪枝与人脑的突触剪枝（Synaptic Pruning）类似，突触剪枝是指轴突和树突完全衰退和死亡，是许多哺乳动物在幼年时期和青春期发生的突触消失过程。对人来说，神经元突触会在婴儿一岁前大量产生，并在接下来的时间里，人的身体会逐渐修剪不常使用的连接，直至逐渐发育成适合在地球上生存的成年人[1]。

2．非结构化剪枝

2015 年，MIT（麻省理工学院）电子工程和计算机科学系助理教授韩松和他的团队在 NIPS 上发表了一篇题为 *Learning both Weights and Connections for*

Efficient Neural Network 的论文。这篇论文的核心思想是，在传统的模型训练过程中，我们无法修改模型连接或模型结构，而论文提出的工作是在模型训练中，我们将不重要的和冗余的连接修剪掉，保留重要的连接，从而达到模型压缩的目的。这个工作的思想比较直接，就是在丢包率（Dropout Rate）一定的情况下，修剪不重要的连接。

判断连接（即权重）重要与否需要有一个评判方法，即便是简单的方法也可以起到不错的效果，即设定阈值，例如，将绝对值小于 0.0001 的权重视为是不重要的。这篇论文提到，我们需要设定一个丢包率，即每次指定修剪/删除百分之多少的连接，例如，第一层修剪连接的20%，第二层修剪连接的40%。与此同时，丢包率是随公式变化的，在开始时连接会被修剪得较多，之后会被修剪得较少。这是因为在剪枝过程中，越到后面，剩余的权重数量就越少，可剪枝的连接也会随之减少。

韩松团队提出的剪枝方法主要采用了三个步骤：第一步是训练连接（即权重），这里要注意的是此时的连接不是最终结果，只是用于指示哪些连接（突触）比较重要；第二步是将低于阈值的连接设置为 0，即剪枝连接，经过剪枝的稠密网络变成稀疏网络，如图 7.2.1[2]所示；最后一步是训练权重，即重新训练模型中剩余的稀疏连接，通过训练未剪枝的权重弥补识别准确率的下降。

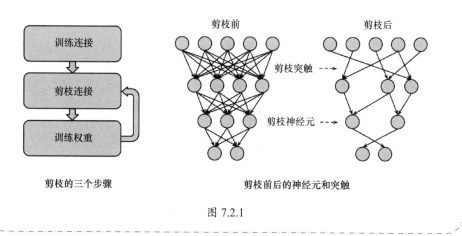

剪枝的三个步骤　　　　剪枝前后的神经元和突触

图 7.2.1

我们在这里强调一个概念，也是这篇论文里提到的剪枝方法，该方法叫作非结构化剪枝（Non-Structured Pruning），即任意权重的连接都可能被修剪，因为我们在训练更新中无法确定具体哪些位置的权重重要。这篇论文还提出了另一个重要的思想——迭代剪枝（Iterative Pruning），即模型不是只做一轮剪枝，而是要进行多轮，同时，每次剪枝后的模型需要做微调。该思想影响了后来的很多相关工作，大部分的剪枝算法都遵循了剪枝–重训练（Prune-Retrain）的思路。

对于算法的理解，本章不做过多介绍，接下来我们介绍这篇论文的部分局限性。

这篇论文主要关注的是对全连接层的大量冗余连接剪枝，卷积层上的压缩率是相对有限的，比如 AlexNet 的卷积层总共压缩 2.7 倍，然而密集的计算主要集中在卷积层上。

另外，从某种意义上说，非结构化剪枝不是真正地把矩阵压缩小，而是把矩阵变成稀疏矩阵（Sparse Matrix，即矩阵中 0 元素的数量远多于非 0 元素的数量，且非 0 元素的分布没有规律可循）。在一般情况下，我们在得到一个稀疏矩阵后，需要将它以特定的稀疏矩阵格式存到内存或者硬盘上，从而减少它占用的存储资源。常用的稀疏矩阵存储方法有压缩稀疏行（Compressed Sparse Row，CSR）方式或压缩稀疏列（Compressed Sparse Column，CSC）方式。对于一般矩阵而言，不管值是 0 还是非 0，我们都要将它们存储起来，而稀疏矩阵则可以通过位置信息选择只存非 0 值。

我们来思考一个问题：如何存储稀疏矩阵？以 CSR 方式为例，如图 7.2.2 所示，图左边是原始的稀疏矩阵，图右边列出了 CSR 后的存储方法。我们要把矩阵中非 0 的值存储起来（即图中的矢量 A），同时还要存储这些值的位置信息，即索引。索引要用两个矢量来存储，矢量 J 表示各非 0 值分布的列索引，矢量 R 记录各行中非 0 值的个数，R 总是以 0 开始的，第二个数减 0（这里是 2 减 0），表示第一行有两个非 0 值，以此类推。可以看出，CSR 方式可以用相对较小的空间存储一个较大的矩阵。

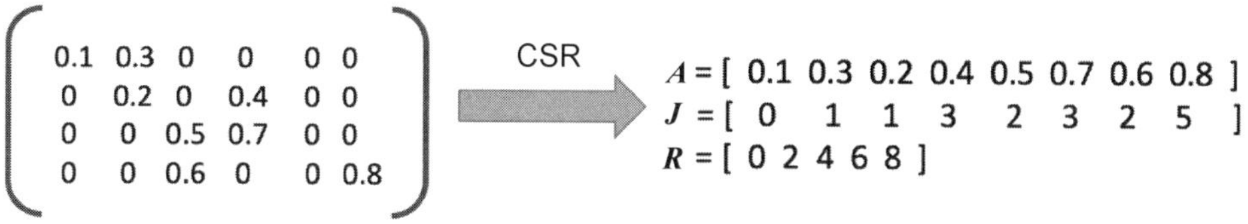

$$\begin{pmatrix} 0.1 & 0.3 & 0 & 0 & 0 & 0 \\ 0 & 0.2 & 0 & 0.4 & 0 & 0 \\ 0 & 0 & 0.5 & 0.7 & 0 & 0 \\ 0 & 0 & 0.6 & 0 & 0 & 0.8 \end{pmatrix} \xrightarrow{\text{CSR}} \begin{array}{l} A = [\ 0.1\ 0.3\ 0.2\ 0.4\ 0.5\ 0.7\ 0.6\ 0.8\ ] \\ J = [\ 0\ \ \ 1\ \ \ 1\ \ \ 3\ \ \ 2\ \ \ 3\ \ \ 2\ \ \ 5\ \ ] \\ R = [\ 0\ 2\ 4\ 6\ 8\ ] \end{array}$$

图 7.2.2

但是，这里依然存在一个问题——CSR 方式占用的空间不能直接与压缩率严格成正比。另外，在模型推理过程中，我们需要支持 CSR 方式进行运算。由于权重存储方式为稀疏矩阵，我们在推理时需要进行索引，在高并行运算中其性能并不理想。尽管一些稀疏矩阵计算优化库也会有一定加速，但需要较高的压缩率。

这篇论文的发表时间相对较早，如表 7.2.1 所示，论文中用到的主要模型有 LeNet、AlexNet 和 VGG，这些模型实现了 9～13 倍左右的压缩率，并且没有丢失识别准确率。如图 7.2.3[2]所示，曲线图是前 5 种精度损失和模型权重减少的权衡曲线，图中比较了 5 种不同方式的组合对识别准确率的影响，包括采用 L1 或 L2 范数正则化，以及是否需要重训练、是否需要迭代剪枝。实验发现，当压缩率到达某个值时，识别准确率会快速下降。从图中不难看出，L2 范数正则化迭代剪枝和重训练的方式效果最好。

表 7.2.1

模型（网络）	Top-1 错误率	Top-5 错误率	权重量	压缩率
LeNet-300-100 Caffe 模型族群（Model Zoo）获取	1.64%	—	267×10^3	
LeNet-300-100 剪枝过后	1.59%	—	$\mathbf{22\times10^3}$	12×
LeNet-5 Caffe 模型族群（Model Zoo）获取	0.80%	—	431×10^3	
LeNet-5 剪枝过后	0.77%	—	$\mathbf{36\times10^3}$	12×
AlexNet Caffe 模型族群（Model Zoo）获取	42.78%	19.73%	61×10^6	
AlexNet 剪枝过后	42.77%	19.67%	$\mathbf{6.7\times10^6}$	9×
VGG-16 Caffe 模型族群（Model Zoo）获取	31.50%	11.32%	138×10^6	
VGG-16 剪枝过后	31.34%	10.88%	$\mathbf{10.3\times10^6}$	13×

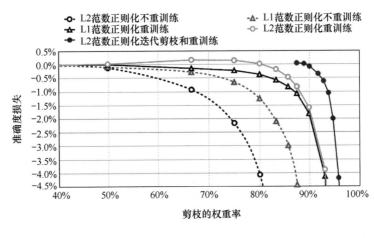

图 7.2.3

3. 结构化剪枝

我们考虑一个问题，在权重剪枝时，能否同时做到将推理时所使用的权重减小，以及避免不规律的稀疏化（限制运行加速效果）？以行、列的形式进行剪枝的方式可以使剪枝后的权重矩阵依然保持其完整性，从而可以最大限度地利用硬件结构来实现对模型推理的加速，且存储权重无须使用稀疏矩阵，我们将这种方法称为结构化剪枝。

目前，这种方法在业界使用得较为广泛，杜克大学陈怡然教授的研究组在 2016 年发表过一篇论文[3]，这篇论文应该是早期介绍结构化剪枝的论文之一。研究组在论文中提出了一个相对泛化的框架，而不是非常具体的算法，同时还引入了"结构"的概念，我们将其称为规范结构（Regularize Structure）。如图 7.2.4[3] 所示，我们可以把一个卷积层理解为它是由若干个三维矩阵组成的，每个三维矩阵代表一个滤波器，其中滤波器由很多切片构成，每个切片对应输入通道的权重矩阵，每个切片的大小为卷积核高乘以卷积核宽。这里的"结构"有多种方式，包括滤波器式（filter-wise，某个滤波器）、输入通道式（channel-wise，某层所有滤波器中某相同输入通道索引的权重）、滤波器形状式（shape-wise，某层所有滤波器中某相同索引的权重）和层式（depth-wise，某一层全部权重）。对于这些方式的剪枝，最极端的情况是层式剪枝，层式剪枝是把整个层都删除。论文中对

"结构"的定义非常广泛，其基本思想就是将原始模型通过以上多种方式（维度）在剪枝后压缩为一个硬件友好的结构化稀疏模型。

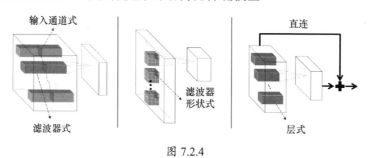

图 7.2.4

> 非结构化剪枝是最细粒度的剪枝方法，现有的软件库很难对其进行推理加速，需要特定的算法库或硬件平台的支持。结构化剪枝的剪枝策略对于实现推理加速更有效，通过滤波器式、输入通道式以及层式剪枝后的模型能够直接在成熟的深度学习模型中实现推理加速。

具体怎么做呢？论文中提出的结构化稀疏学习（Structured Sparsity Learning，SSL）是一种通用的正则化方法。具体来讲，该方法通过 Group Lasso 正则化（Group Lasso Regularization）对网络的权重从不同维度进行压缩。每一个卷积层是一个 4D 的张量，由输入通道数量、输出通道数量、卷积核高度和卷积核宽度 4 个维度组成。在推理过程中，将 4D 的张量展开成 2D 矩阵并进行通用矩阵乘法（General Matrix Multiplication，GEMM）的运算操作，如图 7.2.5 所示。我们从图中可以清晰地看出，矩阵中删除一行代表的是滤波器式剪枝，删除一列代表的是滤波器形状式剪枝，删除连续的若干列块可以理解为输入通道式剪枝。

表 7.2.2[3]展示了 AlexNet 模型在 ILSVRC（ImageNet Large Scale Visual Recognition Challenge，ImageNet 大规模视觉识别挑战赛）2012 数据集上的剪枝实验结果，结果对 SSL 正则化方法、l_1-norm 正则化方法以及非结构化剪枝方法进行了比较。其中，非结构化剪枝可以压缩存储空间或内存空间，但不一定能保证加速，这是因为非结构化剪枝是以一种简化的形式存储稀疏矩阵，在运算时会增加对 CSR 格式进行索引处理的开销。

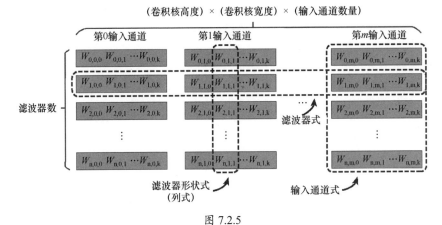

图 7.2.5

表 7.2.2

	方法	Top-1 错误率	统计	conv1（卷积层1）	conv2（卷积层2）	conv3（卷积层3）	conv4（卷积层4）	conv5（卷积层5）
1	ℓ_1-norm	44.67%	稀疏度	67.6%	92.4%	97.2%	96.6%	94.3%
			CPU×	0.80	2.91	4.84	3.83	2.76
			GPU×	0.25	0.52	1.38	1.04	1.36
2	SSL	44.66%	列（滤波器形状式）稀疏度	0.0%	63.2%	76.9%	84.7%	80.7%
			行（滤波器式）稀疏度	9.4%	12.9	40.6%	46.9%	0.0%
			CPU×	1.05	3.37	6.27	9.73	4.93
			GPU×	1.00	2.37	4.94	4.03	3.05
3	剪枝相关工作	42.80%	稀疏度	16.0%	62.0%	65.0%	63.0%	63.0%
4	ℓ_1-norm	42.51%	稀疏度	14.7%	76.2%	85.3%	81.5%	76.3%
			CPU×	0.34	0.99	1.30	1.10	0.93
			CPU×	0.08	0.17	0.42	0.30	0.32
5	SSL	42.53%	列（滤波器形状式）稀疏度	0.00%	20.9%	39.7%	39.7%	24.6%
			CPU×	1.00	1.27	1.64	1.68	1.32
			CPU×	1.00	1.25	1.63	1.72	1.36

我们介绍一篇 2017 年发表的论文 *Learning Efficient Convolutional Networks through Network Slimming*，其思想也是通过结构化剪枝进行模型压缩。与上一篇通用的结构化剪枝论文相比，这篇论文主要关注滤波器式剪枝，对操作步骤的介绍也比较具体和清晰，论文中提出的通道是指输出通道，可理解为滤波器式剪枝。如图 7.2.6 所示，论文提出，在每个卷积层对应的批标准化（Batch Normalization，BN）层引入比例因子（Scaling Factor），并在训练过程中引入对比例因子的正则化，我们根据这个因子进行通道选择。表 7.2.3 列出了不同网络在 CIFAR 数据集和 SVHN 数据集中的剪枝结果，表（a）～（c）分别是 CIFAR-10 数据集、CIFAR-100 数据集和 SVHN 数据集的测试错误结果。

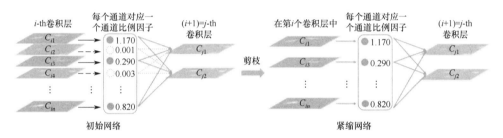

图 7.2.6

表 7.2.3

（a）CIFAR-10 数据集的测试错误

模型	测试错误百分比	权重量	权重量压缩百分比	FLOPs	FLOPs 压缩百分比
VGGNet（原始未剪枝模型）	6.34%	$20.04×10^6$	—	$7.97×10^8$	—
VGGNet（剪枝了 70%后的模型）	**6.20%**	$2.30×10^6$	88.5%	$3.91×10^8$	51.0%
DenseNet-40（原始未剪枝模型）	6.11%	$1.02×10^6$	—	$5.33×10^8$	—
DenseNet-40（剪枝了 40%后的模型）	**5.19%**	$0.66×10^6$	35.7%	$3.81×10^8$	28.4%
DenseNet-40（剪枝了 70%后的模型）	5.65%	$0.35×10^6$	65.2%	$2.40×10^8$	55.0%
ResNet-164（原始未剪枝模型）	5.42%	$1.70×10^6$	—	$4.99×10^8$	—
ResNet-164（剪枝了 40%后的模型）	**5.08%**	$1.44×10^6$	14.9%	$3.81×10^8$	23.7%
ResNet-164（剪枝了 60%后的模型）	5.27%	$1.10×10^6$	35.2%	$2.75×10^8$	44.9%

（续表）

（b）CIFAR-100 数据集的测试错误

模型	测试错误 百分比	权重量	权重量压缩 百分比	FLOPs	FLOPs 压 缩百分比
VGGNet（原始未剪枝模型）	26.74%	20.08×10^6	—	7.97×10^8	—
VGGNet（剪枝了 50%后的模型）	**26.52%**	5.00×10^6	75.1%	5.01×10^8	37.1%
DenseNet-40（原始未剪枝模型）	25.36%	1.06×10^6	—	5.33×10^8	—
DenseNet-40（剪枝了 40%后的模型）	**25.28%**	0.66×10^6	37.5%	3.71×10^8	30.3%
DenseNet-40（剪枝了 60%后的模型）	25.72%	0.46×10^6	54.6%	2.81×10^8	47.1%
ResNet-164（原始未剪枝模型）	23.37%	1.73×10^6	—	5.00×10^8	—
ResNet-164（剪枝了 40%后的模型）	**22.87%**	1.46×10^6	15.5%	3.33×10^8	33.3%
ResNet-164（剪枝了 60%后的模型）	23.91%	1.21×10^6	29.7%	2.47×10^8	50.6%

（c）SVHN 数据集的测试错误

模型	测试错误 百分比	权重量	权重量压缩 百分比	FLOPs	FLOPs 压 缩百分比
VGGNet（原始未剪枝模型）	2.17%	20.04×10^6	—	7.97×10^8	—
VGGNet（剪枝了 50%后的模型）	**2.06%**	3.04×10^6	84.8%	3.98×10^8	50.1%
DenseNet-40（原始未剪枝模型）	1.89%	1.02×10^6	—	5.33×10^8	—
DenseNet-40（剪枝了 40%后的模型）	**1.79%**	0.65×10^6	36.3%	3.69×10^8	30.8%
DenseNet-40（剪枝了 60%后的模型）	1.81%	0.44×10^6	56.6%	2.67×10^8	49.8%
ResNet-164（原始未剪枝模型）	**1.78%**	1.70×10^6	—	4.99×10^8	—
ResNet-164（剪枝了 40%后的模型）	1.85%	1.46×10^6	14.5%	3.44×10^8	31.1%
ResNet-164（剪枝了 60%后的模型）	1.81%	1.12×10^6	34.3%	2.25×10^8	54.9%

接下来，我们介绍与渐进剪枝（Gradual Pruning）相关的一篇论文 *To Prune, or Not To Prune: Exploring the Efficacy of Pruning for Model Compression*[4]。对于渐进剪枝，这篇论文给出了更详细的定义。作者提出了一个函数：

$$s_t = s_f + (s_i - s_f)\left(1 - \frac{t - t_0}{n\Delta t}\right)^3 \, , \, t \in \{t_0, t_0 + \Delta t, \cdots, t_0 + n\Delta t\}$$

在该函数中，s 指稀疏度值，s_i 通常在开始的时候其值是 0，s_f 代表目标稀疏度值。这篇论文的一个主要贡献就是提供了渐进地将模型权重量变得越来越小的方法。我们直观地考虑，模型在开始的时候冗余部分比较多，所以在开始时我们尽可能多地剪枝一些冗余的部分，但是越往后冗余部分越小，因此稀疏度会逐渐减弱，趋势如图 7.2.7[4]所示。这种方式也被证明是比较有效的。

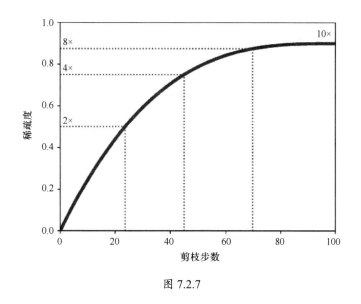

图 7.2.7

另外，这篇论文还给出一个重要结论——在模型 MobileNet 上进行实验时，在相同权重量的情况下，大的稀疏模型比小的稠密模型的识别准确率要更高。

4. 总结

本节介绍了几种模型剪枝的方法，剪枝可以将模型权重（或连接）的冗余部分去除。剪枝方法可能有不同的分类方式，我们在这里分为两类：一类是非结构化剪枝，如果做非结构化剪枝，模型会得到一个稀疏矩阵，它的好处是能让模型达到压缩的目的，但加速效果不一定会非常显著。如果想让加速效果非常理想，模型还需要软件或硬件的共同支持。另一类是结构化剪枝，结构化剪枝可以直接把模型中的权重矩阵的一行或者一列剪掉，得到一个比较小的矩阵，这样做的好处是可以最大限度地利用硬件结构来实现加速。其中，滤波器式剪枝和层式剪枝在现有的深度学习框架上，不需要在软件或硬件层面做工作就能实现模型中权重矩阵在内存和存储上的优化。

7.2.3 权重量化

1. 权重量化的概念

本节我们介绍模型压缩的第二种常用方法——权重量化（Weight Quantization）。这种方法应用得非常广泛，因为它的效果非常显著。简单来说，它是通过降低权重精度的方式来压缩并加速模型的，可以说是一种非常直接的方法。

权重量化的目的是去除 DNN 权重在表示位数上的冗余，以便进行模型压缩。例如，我们可以用 32 比特表示 1 个数（权重），也可以用 8 比特或 4 比特，甚至 2 比特表示 1 个数。因此，大量权重需要表示出来，而"量化"就是选择用什么样的方式来表示。一般来讲，我们用一个 32 比特表示权重，常用的低精度的表示方式有半精度浮点（FP16）法和 8 位定点整数（INT8）法。量化的本质其实是对权重做映射分类，例如，如果用 8 位定点整数法表示，那么总共可以有 2^8 种不同的类，即把原来连续值映射到总数为 2^8 的离散值上。如果我们采用这种方式，精度会有损失，所以常用的模型压缩方法的目标基本都是尽量将精度损失最小化。

2. 权重剪枝、带训练量化与哈夫曼编码的结合

2016 年，韩松团队发表在 ICLR（International Conference on Learning Representations，国际学习表征会议）上的一篇论文[5]荣获了当年 ICLR 最佳论文奖。这篇论文介绍的主要思想是结合权重剪枝、带训练量化（Trained Quantization）和哈夫曼编码（Huffman Coding）三种方式对深度学习模型进行压缩，该方法可以在不损失识别准确率的情况下，极大地降低模型存储量，并

实现 3～4 倍的层加速（Layerwise Speedup）和 3～7 倍的能源效率提升。这篇论文发表的时间较早，论文中介绍的一些非常有效的技巧影响了后来的很多相关研究。

如图 7.2.8[5]所示，这篇论文提及的压缩算法框架主要分为三步：第一步是使用我们介绍过的剪枝方法对原始网络（Original Network）连接进行剪枝，以达到减少权重量的目的；第二步是量化权重以实现权重共享，从而降低每个权重的比特数；最后一步是利用哈夫曼编码对共享的权重进行编码。

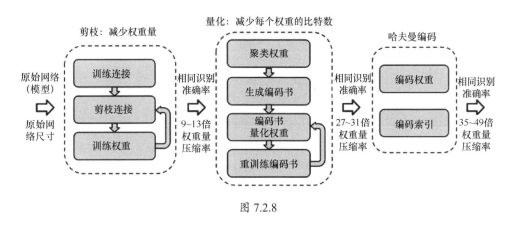

图 7.2.8

我们介绍过，量化的本质是对权重做映射分类，这篇论文通过模型量化和权重共享（Weight Sharing）进一步地对剪枝后的模型进行压缩。如图 7.2.9[5]所示，图中展示了通过标量量化（Scalar Quantization）和矩心微调实现权重共享。图中的上半部分展示了如何对权重做分类，分类方式采用了 K-means 算法。为了方便表示，图中以 4×4 的矩阵表示权重，量化前权重是以 32 比特来表示，我们通过经典的 K-means 值聚类算法（K-means Clustering Algorithm）进行聚类并获得聚类索引及矩心。图中设定聚类索引以 2 比特来表示，最多可以得到 4 个索引。在此例中，我们把权重分成 4 类，一种颜色代表一类，每组权重类都有相对应的矩心，该矩心代表属于该类的所有权重值。矩心会通过梯度不断被更新，在更新过程中我们会得到梯度矩阵并依据聚类的索引方式进行分组，然后把每组的梯度进行求和以便进行矩心更新。

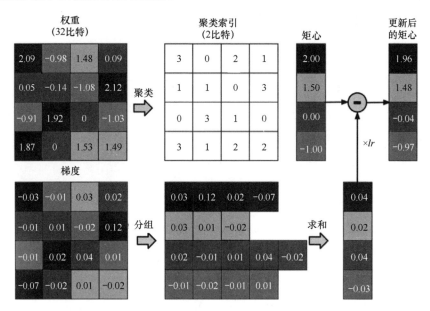

权重共享，图中假设学习率 lr 为 1。在权值更新的时候，所有的梯度按照权重矩阵的分类对应分组，同一组的梯度做一个相加的操作，得到的和乘以学习率 lr 再减去共享的矩心，得到一个更新后的矩心。

图 7.2.9

我们还需要思考一个问题：这种量化方式的压缩率为多少？在这个 4×4 的矩阵示例中，如果用 32 比特表示每个权重，那么共需要 16×32 比特，而通过该方式压缩后则需要 16×2 比特。另外，4×32 比特表示 4 个对应的矩心的值，所以压缩率为

$$（16×32）/（2×16 + 4×32）= 3.2$$

通过以上分析可以得知，即使是一个非常小的 4×4 矩阵，也能节省很大的资源空间。

最后，论文中用哈夫曼编码方式对之前步骤中的聚类进行索引。哈夫曼编码是一种无损的可变字长编码（Variable-Length Coding，VLC）方式。我们可简单理解为，由于各个原始信号出现的概率不同，大概率出现的信号可以用比较少的比特长（Bit Length）编码，否则我们用多的比特长编码。借用这种思想，论文

提出大部分权重用少比特表达，以便达到模型压缩的效果。论文还解释了为什么选择用哈夫曼编码——因为权重索引和稀疏矩阵索引的分布是不均匀的，如果分布均匀的话就没必要用哈夫曼编码了。图 7.2.10[5]展示了 AlextNet 最后一层全连接层的量化后权重索引和稀疏矩阵位置索引的概率分布。对非均匀概率分布的值进行哈夫曼编码，最终存储空间降低会得到较大的增益，即哈夫曼编码增益（Huffman Coding Gain），概率分布越不均匀，哈夫曼编码增益就会越大，该方法节省了 20%～30%的模型存储空间。

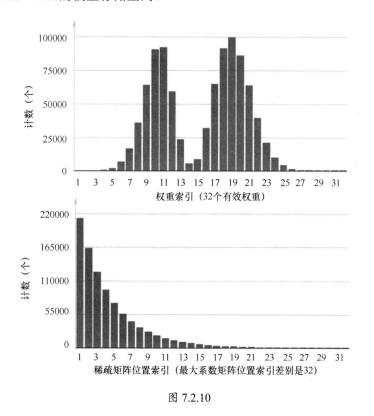

图 7.2.10

表 7.2.4[5]展示了 AlexNet 上每一层的详细压缩结果，即每层的压缩程度，并在最后给出一个总值。其中，P 代表剪枝，Q 代表量化，H 代表哈夫曼编码。我们主要观察表中最右边两列的值。如果每一层只做剪枝和量化，而不用哈夫曼编码的话，可以达到 27 倍左右的压缩倍数，如果加上哈夫曼编码，基本上能提高 30%左右，达到 35 倍左右的压缩倍数，同时精度也不受影响，其效果

是比较显著的。

表 7.2.4

层	权重量	权重量压缩百分比(P)	权重比特数(P+Q)	权重比特数(P+Q+H)	索引比特数(P+Q)	索引比特数(P+Q+H)	压缩率(P+Q)	压缩率(P+Q+H)
conv1	35×10^3	84%	8	6.3	4	1.2	32.6%	20.53%
conv2	307×10^3	38%	8	5.5	4	2.3	14.5%	9.43%
conv3	885×10^3	35%	8	5.1	4	2.6	13.1%	8.44%
conv4	663×10^3	37%	8	5.2	4	2.5	14.1%	9.11%
conv5	442×10^3	37%	8	5.6	4	2.5	14.0%	9.43%
fc6	38×10^6	9%	5	3.9	4	3.2	3.0%	2.39%
fc7	17×10^6	9%	5	3.6	4	3.7	3.0%	2.46%
fc8	4×10^6	25%	5	4	4	3.2	7.3%	5.85%
总值	61×10^6	11%(9×)	5.4	4	4	3.2	3.7%(27×)	2.88%(35×)

注：fc 表示全连接层。

我们再来思考一个问题：这个方法是否存在一定的局限性？其实和我们之前介绍过的几种方法类似，虽然该方法在剪枝后可以得到稀疏矩阵，但是为了达到加速的目的，我们还要对这些稀疏矩阵做额外处理。首先，我们需要将稀疏矩阵以稀疏格式来存储，在推理时再将其解析出来，然后在权重量化之后，我们得到的是若干索引和一些矩心，在推理时还要对权重矩阵进行解码、索引等。

3．二值化神经网络

有没有一种非常简单的方法，不需要存储索引就可以直接把权重变成某个数呢？这里我们要介绍一个特别有代表性的工作——二值化神经网络（Binarized Neural Network，BNN）[6]。这项工作的基本思想是，在训练模型的同时对权重及网络中的激活层进行二值化，通过这种方式，我们把原始的算术操作替代成比特操作，从而达到可观的能源效率。

最简单的二值化权重（Binarized Weight）的方法是，如果这个值大于或等于

0，它就是+1；如果这个值小于 0，它就是−1。可以说，这是一种最直观、最极端，也是最彻底的量化方式，所以这项工作非常具有代表性。

CNN 卷积操作基本上是由"乘加"操作组成的，其中乘法操作非常耗时。在 BNN 中，一对"−1""+1"进行乘法运算，得到的结果依然是"−1""+1"，这一特性可以将原本的浮点数乘法用比特运算代替〔比如 XNOR（异或非）〕。这是二值化权重在加速上最具优势的一点——大部分"乘加"操作可以被 1 比特 XNOR-Count 操作替代，因此推理时间的复杂度可以降低。

这篇论文还对运行能耗进行了分析，我们知道 GPU 的能耗非常高，在云端运算时我们可能不会太在意，但在移动端，如手机设备上，我们必须考虑其能耗。BNN 不仅可以显著压缩存储空间，而且还能极大地降低内存消耗，并且可以通过比特计算（Bit-Wise Operation）替代绝大部分的算术运算（Arithmetic Operation），实现能效的显著提升。

> 实验结果表明，BNN 在小规模数据集上取得了较高的准确性，而在大规模数据集上取得的效果相对较差。

4．XNOR-Net

2016 年，发表在 ECCV（European Conference on Computer Vision，欧洲计算机视觉会议）上的一篇论文 *XNOR-Net: ImageNet Classification Using Binary Convolutional Neural Networks* 提出了一个叫作 XNOR-Net 的模型，论文中给出了相关推导，推导过程也非常便于读者理解。

XNOR-Net 这个名字，可能会让我们立即想到它肯定和 XNOR 有一定的关系，实际上，它运用"异或非"的方式与 BNN 类似。如图 7.2.11[7]所示，这篇论文提出了两种网络：一种是二进制权重网络（Binary Weight Network，BWN），另一种就是 XNOR-Net。这两种网络的区别在于，BWN 的权重全是二值化的（1 和 −1），XNOR-Net 是将输入和权重全部二值化，通过这种方式，我们可以在近似卷积运算中运用二进制操作。

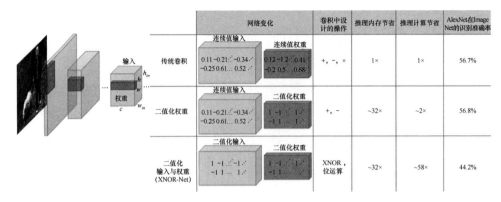

图 7.2.11

表 7.2.5[7]展示了二值化神经网络之间的准确率比较，包括 XNOR-Net 和 BNN 的比较。从概念上说，XNOR-Net 与 BNN 相似，都是通过二值化权重进行位运算加速的，不同的是它们的权重二值化方式和网络结构不同。实验结果发现，权重的比例因子比输入的比例因子更加有效。从表 7.2.5 中可以看到，如果用 BWN 的方式，则 Top-1 和 Top-5 的准确率差别是比较小的。

表 7.2.5

准确率（%）									
二值化权重				二值化输入和权重				全精度	
BWN		BC		XNOR-Net		BNN		AlexNet	
Top-1	Top-5	Top-1	Top-5	Top-1	Top-5	Top-1	Top-5	Top-1	Top-5
56.8	**79.4**	35.4	61.0	**44.2**	**69.2**	27.9	50.42	56.6	80.2

5. TWN

TWN（Ternary Weight Network，三值权重网络；相关论文 *Ternary Weight Networks* 于 2016 年发表在 arXiv 上）其实是 XNOR-Net 的推广，主要作用是平衡精度权重网络（Full Precision Weight Network，FPWN）与二值精度权重网络（Binary Precision Weight Network，BPWN）的精度性能。TWN 主要是通过阈值把权重三值化，即+1、0、−1。每个权重需要 2 比特，与二值化神经网络相比，TWN 多了 0 值的表示，但在运算过程中 0 值项并不会对乘积和累加操作产生影响，因此其运算方式与二值化神经网络相似。如表 7.2.6[8]所示，结果基本上符合预期，TWN 的准确率是介于 BPWN 与 FPWN 之间的，也实现了论文作者的最终预期。

表 7.2.6

	MNIST 数据集 (%)	CIFAR-10 数据集 (%)	ImageNet 数据集(top-1) (%)	ImageNet 数据集(top-5) (%)
TWN	99.35	92.56	61.8/65.3	84.2/86.2
BPWN	99.05	90.18	57.5/61.6	81.2/83.9
FPWN	99.41	92.88	65.4/67.6	86.76/88.0
二值化连接	98.82	91.73	—	—
二值化神经网络	88.6	89.85	—	—
二值化权重网络	—	—	60.8	83.0
XNOR-Net	—	—	51.2	73.2

7.2.4　知识蒸馏

2015 年，Hilton 在 NIPS 上发表了一篇论文 *Distilling the Knowledge in a Neural Network*，论文提出了一个最直接的方法，即把大的复杂的网络（即老师网络）里生成的软目标用来指导并训练小网络（通常称为学生网络，Student Network）。在训练过程中，学生网络除了从数据集的真实值的真实目标中学习，还会从老师网络的软目标中获取信息，通过这两种途径计算损失函数（Loss Function），并进行模型更新。

而知识蒸馏的基本观点是，在一般情况下，我们会用有标签的数据集训练一个神经网络，知识蒸馏引入了"老师（teacher）"的概念，老师网络（Teacher Network）是比较复杂、比较大的网络。知识蒸馏可以将一个网络的知识转移到另一个网络。这就像学生在教室里学习，学生有时是自学，有时是跟着老师学习。如果学生跟着老师学习，对于一张图片里的物体，老师告诉学生："这是老虎。"学生就记住了这个物体是老虎，但是老师也有说错的时候，这种情况就可能产生噪声。因为这种情况不如真实目标（Hard Target）那么"靠谱"，所以Hilton 将它称为软目标（Soft Target）。

实际上，知识蒸馏的概念最早是在 2006 年由 Bulica 提出的，2014 年，Hinton 对知识蒸馏做了归纳和推进。知识蒸馏的主要思想是训练一个小的网络模型，"学生"模仿一个预先训练好的大型网络（即老师网络）或集成的网络。这种训练模式又被称为"老师-学生"，大型的网络是"老师"，小型的网络是"学生"。学生网络在训练时有两个损失函数需要最小化，一个是以"老师"预测结果的概率分布为目标的损失函数，称为蒸馏损失（Distillation Loss）；另外一个是真实目标间的损失函数，最后的损失函数为两个不同损失函数的加权平均。

Hinton 称，"学生"从"老师"那里学到的知识为"Dark Knowledge"，实际上，相比于直接和真实目标做对比，"老师"预测的概率分布，也就是老师网络的最后的 Softmax 函数层的输出会提供更多有用信息，比如在图片分类问题中，苹果相对于汽车、飞机等交通工具而言，与其他水果的关系肯定更加密切，如果使用正确标签作为训练目标，就意味着在网络 Softmax 函数层的输出中正确的分类的概率值需要非常大，而其他分类的概率值几乎接近于 0，这无法体现类与类间的某些潜在的联系。

7.2.5　权重量化与权重剪枝结合并泛化

最后介绍的是笔者团队的一个研究项目——关于能否将权重量化和权重剪枝结合求解的问题。在这个项目里，笔者团队运用了交替方向乘子法（Alternative Direction Method of Multiplier，ADMM），其基本观点就是把一个复杂的问题拆成两个子问题，子问题可独立地迭代求解。例如，对于问题：

$$\underset{x}{\text{minimize}}\ f(x) + g(x)$$

可能有人会问 $f(x)+g(x)$ 为什么要分开写？$f(x)$ 是一个可差分的函数，$g(x)$ 是不可差分的函数。在剪枝问题中，我们可以把 $f(x)$ 看作神经网络损失函数，$g(x)$ 是指示函数（Indicator Function），起到对权重的约束作用。该方式可以把原始的问题变成一个有约束条件的最小化优化问题。对于如何利用 ADMM 来研究对深度模型的剪枝，笔者团队也有一篇相关论文 *A Systematic DNN Weight Pruning Framework using Alternating Direction Method of Multipliers*，该论文发表在 2018 年的 ECCV 上。当然，如果想在做权重剪枝的同时做权重量化，我们需要对权重多加一个约束条件，但求解思路都是一样的。

> ADMM 是机器学习中一个广泛使用的对约束问题最优化的方法。我们考虑以下优化问题：
>
> $$\underset{x}{\text{minimize}}\ f(x)+g(x)$$
>
> 其中 $g(x)$ 是不可差分的函数，我们可以将这个问题转换成
>
> $$\underset{x,z}{\text{minimize}}\ f(x)+g(z)$$
> $$\text{服从}\quad x=z$$
>
> 上述求解可通过 ADMM 拆解成子问题进行求解。

基于 ADMM 及 AutoML 的思想，我们提出了一个新的工作叫作自动结构化剪枝压缩算法框架（AutoCompress），相关论文 *AutoCompress: An Automatic DNN Structured Pruning Framework for Ultra-High Compression Rates* 于 2020 年入选 AAAI（the Association for the Advance of Artificial Intelligence，AAAI 是人工智能领域顶级国际学术会议）。AutoCompress 会自动地寻找每次每层应该剪枝多少，比如第一层是 0.1 还是 0.2，第二层是 0.3 还是 0.4。搜索这些超参数其实就是试错的过程。那么如何试错呢？我们采用了启发式算法模拟退火（Simulated Annealing）的方式去搜索最好的结果。在 CIFAR-10 数据集上，ResNet18 能达到 80 倍的压缩倍数，并且精度下降不超过 1%。

7.3　模型压缩与加速的应用场景

本节我们介绍模型压缩与加速的三个应用场景：驾驶员安全检测系统、高级

驾驶辅助系统和车路协同系统。

7.3.1　驾驶员安全检测系统

有很多车载设备（Onboard Device），例如行车记录仪就是一种比较简单的车载设备。现在很多驾驶员都给车辆配备了车机，一些车机是运行在安卓系统上的，这样的话，很多移动 APP 就可以方便地在车机上运行了。

我们在本章的开始提到了驾驶员状态检测系统，它的主要功能是检测司机在开车过程中是否出现疲劳驾驶或者注意力不集中的情况。例如，有时司机在开车过程中喜欢看手机或者吸烟，如果我们想检测司机在驾驶过程中是否出现了这些行为，应该怎么做呢？现在比较常用的算法流程是，先对司机进行人脸检测，然后检测其面部的关键点（例如眼睛和嘴巴）及五官的动态，这样就能够判断出司机有没有打哈欠或者他的眼睛是否闭上等瞬时状态。其实，这些算法都可以用深度模型来做，如果在车机上运行相关算法的话，我们可以利用以上重点介绍的三类模型压缩与加速技术进行模型压缩，从而保证算法的实时性。

具体来讲，首先我们进行权重剪枝，将模型中不重要的权重修减掉，然后通过知识蒸馏的方式恢复模型精度，最后进行权重量化。目前用得较为广泛的权重量化方式是 INT8，原因是目前安卓系统的主流 CPU 架构支持 INT8 操作，并且精度损失也不会太大。

7.3.2　高级驾驶辅助系统

高级驾驶辅助系统（Advanced Driver Assistance System，ADAS）可以看成一个级别相对比较低的自动驾驶系统。它具备三个主要功能：一是车道偏移预警（Lane Departure Warning，LDW），即检测车辆是否压线或者越线；二是行人碰撞预警（Pedestrian Collision Warning，PCW）；三是前车碰撞预警（Forward Collision Warning，FCW）。在一般情况下，系统要先检测出车道的位置，才能判断出车辆在行驶过程中是不是出现了位置偏离。行人碰撞检测和前车碰撞检测是两件事情，但其本质都属于目标检测任务。简单来说，系统首先要检测出车辆的前方是否有行人或者有其他车辆，然后估计前方行人或车辆与本车的距离，进而判断是否做出预警。估计前方行人或车辆的距离可用不同的方法，有基于学习的方法，也有传统的非学习的方法，上述的目标检测任务或者针对前方物体的距离估计，均可用深度模型来实现。这三种功能的实现都需要系统具有实时性，正如7.1.2 节介绍的，如果系统需要几分钟或更长时间才能检测出结果，这就失去了安全检测的意义。

7.3.3 车路协同系统

接下来，我们介绍笔者曾参与的一个项目——车路协同系统（Cooperative Vehicle Infrastructure System，CVIS）。车路协同系统的主要目标是将车与路融合到一个系统里，实现车路信息共享，最终让车辆在道路上行驶得更加安全与高效。

车路协同系统涉及系统与车辆的联网通信，系统通过路侧的感知设备来获取信息，并将获取的信息加以融合，再提供给道路上行驶的车辆，这种方式会有效地降低交通事故的发生率。例如，车辆在行驶时，可能由于驾驶员的视野被遮挡，或红绿灯被障碍物遮挡，驾驶员的视野可能会出现盲点，他们在驾驶时看不到突然从侧方出现的行人。当这些情况发生时，我们可以通过道路上的感知设备（摄像头、雷达等传感器）来获取有用的信息，再将信息进行融合并提供给车辆，这样车辆可以结合道路上的实时信息做出决策。

车路协同系统的研究涉及边缘计算（Edge Computing）这个概念。与云计算相比，边缘计算的优势在于实际场景中的系统能进行更近的物理距离的部署，以及及时获取信息和随时处理，最终满足实时性需求。这些共享信息可以通过深度学习模型并在边缘计算节点上进行计算分析或传达指令。边缘计算节点是逐层（级）汇聚的，最边缘的节点的信息会进一步汇集到一个更上层的节点上，并且系统会在更上层的节点上进行处理与调度。对全局有影响的数据最终也将逐层上报到中心云，以便系统进行整体分析和判断。

> 边缘计算是指在靠近物体或数据源头的一侧，采用集网络、计算、存储和应用核心能力为一体的开放平台，就近提供最近端服务。网络边缘可以是从数据源到云计算中心之间的任意功能实体，这些实体搭载着融合了网络、计算、存储和应用核心能力的边缘计算平台，为终端用户提供实时、动态和智能的服务计算。边缘计算将智能和计算推向了更接近实际的行动，而云计算则需要在云端进行计算，二者的主要差异体现在多源异构数据处理、带宽负载和资源浪费、资源限制，以及安全和隐私保护等方面。

我们总结本章的主要知识点，本章着重介绍了深度学习模型压缩的主要技术，包括权重剪枝、权重量化和知识蒸馏。这些方法可以互相弥补，例如，我们在做完权重剪枝后，可以进一步做权重量化；在模型压缩后精度稍有损失时，可通过知识蒸馏的方式进行微调，从而恢复模型精度。同时，我们也介绍了模型压缩技术在交通领域的应用场景，可以看到，模型压缩技术在出行领域中的重要性。

最后，我们介绍深度学习模型压缩在未来的两个比较重要的研究方向。

（1）基于 AutoML 的深度学习模型压缩是一项很有前景的研究，因为在这项研究中，自动化方式替代了传统人工设计，可以高效地压缩深度学习模型中的冗余部分。

（2）目前大部分对深度学习模型压缩的研究工作是在做分类任务，在实际应用中，目标检测任务和语义/实例分割任务其实应用的领域更为广泛，笔者团队最近也在做与此相关的工作，这些任务中的深度学习模型压缩技术与工业界关系紧密，也是一个非常有发展前景的研究方向。

本章参考文献

[1] Christopher A. Walsh. Peter Huttenlocher (1931–2013). Nature. 2013.

[2] Han S., Pool J., Tran J., et al. Learning both Weights and Connections for Efficient Neural Network. Advances in Neural Information Processing Systems. 2015.

[3] Wen W., Wu C., Wang Y., et al. Learning Structured Sparsity in Deep Neural Networks. NIPS'2016. 2016.

[4] Zhu M., Gupta S.. To Prune, or Not To Prune: Exploring the Efficacy of Pruning for Model Compression. arXiv preprint arXiv:1710.01878. 2017.

[5] Han S., Mao H., Dally W. J.. Deep Compression: Compressing Deep Neural Networks with Pruning, Trained Quantization and Huffman Coding. ICLR'2016. 2016.

[6] Hubara I., Courbariaux M., Soudry D., et al. Binarized Neural Networks. NIPS'2016. 2016.

[7] Rastegari, Mohammad, Vicente Ordonez, et al. XNOR-Net: ImageNet Classification Using Binary Convolutional Neural Networks. In European Conference on Computer Vision. 2016.

[8] Li Fengfu, Zhang Bo, Liu Bin. Ternary Weight Networks. arXiv preprint arXiv. 2016.

第8章

终端深度学习基础、挑战和工程实践

张　弥

美国密歇根州立大学助理教授

8.1 终端深度学习的技术成就及面临的核心问题

2007 年，第一款 iPhone 诞生。作为一款智能手机，iPhone 完全颠覆了我们对手机的认识，这种颠覆不单单指它的人机交互界面，更重要的是，它是一款集数据采集与数据处理为一体的智能终端设备。今天的我们已经无法想象没有智能手机的生活，越来越多的集数据采集与数据处理于一身的智能终端设备出现在我们的生活中，比如，Amazon 的智能语音助手、Google 的智能摄像头，还有可以拍照的智能飞行相机等。笔者认为，真正能够发掘智能终端设备潜能的正是深度学习技术。

8.1.1 终端深度学习的技术成就

近几年，深度学习已经在各个领域取得了令人瞩目的成就。比如，人脸识别技术已经在许多国家被广泛应用；在围棋界，机器已经完全战胜了人类。基于此，我们为什么要在智能终端设备上直接运行深度学习模型呢？最主要的原因是，智能设备是数据的入口。

我们在智能终端设备上直接使用深度学习技术处理数据，这样做有很多好处。首先，数据不必离开智能终端设备，这就规避了将其暴露在互联网上的风险，从而极大地保护了用户的隐私。其次，在没有网络或没有云服务的情况下，智能终端设备依然可以为用户提供服务。最后，在联网的情况下，网络延时会对用户体验造成一定程度的影响，而如果能在终端设备上直接运行深度学习模型，那么当用户需要使用实时性要求比较高的应用时，他能得到非常好的使用体验。一个比较有意思的例子就是"Google 翻译"，如果我们去国外旅游，即使在没有网络的情况下，我们依然可以通过"Google 翻译"得到实时的翻译信息，而"Google 翻译"运用的就是终端的深度学习技术。

说到深度学习的发展与繁荣，我们不得不再提挑战赛 ImageNet，在图 8.1.1[1] 中，横坐标从右至左分别是 2010 年至 2015 年获得 ImageNet 挑战赛冠军的深度学习模型，纵坐标代表的是模型的识别错误率。从图中可以看出，从 2010 年到 2015 年，模型的识别错误率从 28.2%下降到了 3.57%，这是非常了不起的成就。同时我们还发现，那些取得非常低的错误率的模型，往往需要比较大的层数或者比较复杂的网络结构，例如，2015 年冠军 ResNet 竟然需要 152 层，这恰恰反映了 ImageNet 数据集的局限性。ImageNet 挑战赛的目的是追求更高的模型识别准确率，但却忽视了深度学习模型的资源需求。

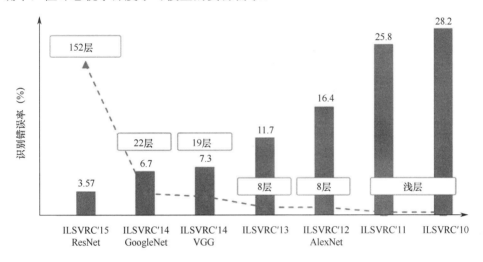

2010—2015年间获得历年ImageNet挑战赛冠军的深度学习模型

图 8.1.1

8.1.2　终端深度学习面临的核心问题

相对于传统的机器学习模型，深度学习模型对系统的资源消耗非常巨大。说到资源消耗，我们不得不提两个参数或者指标。第一个是深度学习模型所包含的参数总数（Number of Parameters）；第二个是模型 FLOPs，它是指深度学习模型在每做一次推理时，每秒所需要执行的浮点运算次数。另外，这两个指标又受其他很多因素的影响，比如，模型大概有多少层、每层到底有多少个过滤器、每个过滤器的大小和维度，以及全连接层节点数等。

举个例子，2012 年的 ImageNet 挑战赛冠军 AlexNet，有 6000 万个模型参数，做一次推理需要 2.5GHz [GHz 表示每秒 10 亿次（=10^9）运算]，也就是 10^9 次 FLOPs。而 2015 年冠军 ResNet，虽然和 AlexNet 用了一样多的模型参数，但为了把识别错误率从 16.4%降至 3.57%，它需要的 FLOPs 有 22.6GHz，即 10^{10} 次 FLOPs，相比 AlexNet，FLOPs 增加了 10 倍。

我们为什么要关注这两个参数呢？因为这两个参数决定了模型在系统里的资源消耗。如图 8.1.2 所示，模型的参数总数决定了模型在系统里面需要消耗的内存，FLOPs 又决定了模型做一次推理到底需要消耗多长时间，是秒还是毫秒？而内存和实时性的消耗又决定了耗电量的多少，这对于智能终端设备来说是非常重要的。

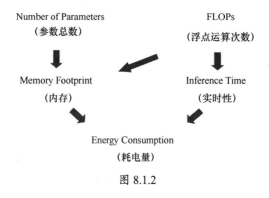

图 8.1.2

我们想让无人机的续航时间更长，如果加载了智能学习应用，它的耗电量就会非常大，用户体验就可能非常糟糕。一方面，我们需要高资源需求的深度学习模型；另一方面，智能终端设备上能承载的资源又非常有限。

因此，目前深度学习面临的核心问题有如下三个：

（1）在资源有限的智能终端设备上，如何有效地运行对资源需求非常高的深度学习模型？

（2）如何有效减少深度学习模型的资源需求？如果资源需求减少了，我们就可以把深度学习模型有效地运行在资源有限的系统上。如果没有办法减少深度学习模型的资源需求，但是又想在系统上运行深度学习模型，那么我们该怎么办？

（3）一个系统里往往需要运行不止一个深度学习模型，在这种情况下，我们应如何设计系统，让系统知道如何把有限的资源合理分配给每个深度学习模型，从而让整体性能达到最优？

本章我们将介绍基于这三个问题的相应挑战和解决方案，希望通过本章的学习，读者最终能有如下收获：

（1）了解关于终端深度学习的挑战与解决方案。

（2）了解怎样从计算机系统的角度看待深度学习。鉴于我们对深度学习的大部分研究都集中在算法上，若想让深度学习落地，并能有效地运行在一个系统上，我们不仅要掌握深度学习方面的知识，更要掌握计算机系统的相关知识，并且能够从计算机系统的角度看待深度学习，做到融会贯通。

最后，我们思考一个问题：通过已学到的深度学习的知识，应该如何设计一个非常高效的深度学习系统，能够让我们的科研课题或者创业项目更好地落地。

8.2　在冗余条件下减少资源需求的方法

如何有效减少深度学习模型的资源需求？解决方案就是使用当前业界比较流行的深度学习压缩模型。在谈技术之前，我们需要思考和强调深度学习模型压缩的目标是什么。

如前所述，如果想尽可能减少深度学习模型的资源需求，我们需要考虑两个指标：参数总数和 FLOPs。与此同时，我们还要尽量保持或尽可能不影响模型的识别准确率，不能为了压缩模型，以及为了让资源需求减少，就让识别准确率降低 50%，这样做并没有任何意义。

因此，我们需要从两方面考虑，一方面，在尽可能不影响模型识别准确率的前提下，降低模型的资源需求。深度学习模型之所以被压缩，就是因为其模型十分冗余，把冗余的部分去掉，就相当于模型被压缩。

另一方面，要清楚模型的冗余度取决于哪些因素。首先，它取决于我们采用何种深度学习网络结构。在图 8.2.1[2]中，每个圆圈代表一个深度学习模型，圆圈的大小代表深度学习模型的参数总数，圆圈越大，表示参数总数越多。图中的横坐标是 FLOPs，FLOPs 越大，坐标就越往右移；纵坐标是模型的 Top-1 识别准确率。在这些模型中，有的模型本身就比较冗余，例如 VGGNet（Visual Geometry Group Network，它是由牛津大学的视觉几何组和 Google DeepMind 公司的研究员一起研发的一种深度卷积神经网络），无论是 VGG-16（VGG 结构中有 13 个卷积层和 3 个全连接层）还是 VGG-19（VGG 结构中有 16 个卷积层和 3 个全连接层），都是最大的圈，这说明它所需要的参数有很多，而且 VGG 在横坐标中的位置处于靠右边一点，这意味着它需要的 FLOPs 相较于其他模型会更多。

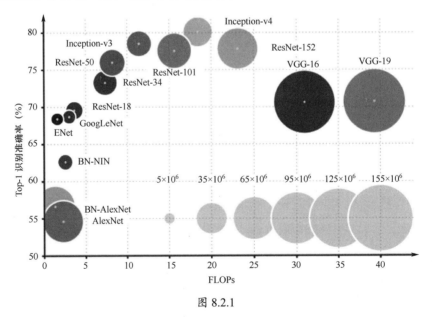

图 8.2.1

为了公平比较，我们找到另一个相应的模型——GoogLeNet，它是由 Christian Szegedy 在 2014 年提出的一种全新的深度学习结构，并获得了当年 ImageNet 挑战赛第一名（VGG 获得第二名）。GoogLeNet 和 VGG 相比，二者的识别准确率差距并不大，但很明显，它的圆圈很小，这说明它的模型参数总数很少。同时，在横坐标中它处于靠左的位置，这表示它每做一次推理所需要的 FLOPs 远比 VGG 小。所以，从图中可以看出 GoogLeNet 采用了非常有效的设计方式，与 VGG 相比，它也没有那么高的冗余度。

其次，我们要在这个模型上训练数据集，就需要考虑数据的难易程度和数据集里面的数据分布情况，这些因素共同决定了一个深度学习模型需要多少个参数来表达习得的知识。例如，CIFAR-10，相对来说是一个非常小的数据集，深度学习模型所需的参数个数就不会太多；相反，ImageNet 数据集包含了百万级的数据量，而且数据的难易程度也不低，所以深度学习模型就需要非常多的参数和更多层数。因此，相较 CIFAR-10 数据集而言，如果我们在同样的模型上训练 ImageNet 数据集的话，这个模型本身的冗余度将会极大地下降。

最后，这个模型是否冗余，也和用户或具体的应用对识别准确率的要求有关。大量实验证明，牺牲 1%的识别准确率可以将模型的压缩率提升 10 倍，也就是说，我们只需牺牲 1%的识别准确率就可以换取较少的资源需求。当别人问到这个模型到底是否存在冗余或这个模型是不是可以被压缩时，或者我们在衡量模型算法好坏的时候，我们必须综合考虑——从它采用的网络模型结构、训练数据集，以及具体应用对识别准确率的要求这三方面进行全面回答。

深度学习模型压缩技术在过去几年有了长足的发展，目前业界普遍认为已经相当成熟了。有关深度学习模型压缩技术的介绍，参见 7.2 节。

8.3　在非冗余条件下减少资源需求的方法

深度学习模型到底是否存在冗余的部分呢？这取决于很多因素。当深度学习模型存在冗余的部分时，模型压缩技术为我们提供了非常有效的方式来减少模型的资源需求。但是，当模型没有冗余部分或者本来就是非常小的模型（如

ResNet）时，又该如何进一步减少模型对资源的需求呢？为了回答这个问题，工业界有两种比较常用的方法：特殊化模型和动态模型。

8.3.1　特殊化模型

为什么会有特殊化模型这项技术呢？ImageNet 数据集里面包含了 1000 种不同类别的问题，但是要正确识别这 1000 种类别，我们需要一个足够大、足够复杂的深度学习模型，因为比较浅或比较小的深度学习模型不足以吸收 1000 种类别里的知识。不过我们发现，在大部分实际应用里，例如在某一段时间或某一个应用场景中，应用需要识别的物体种类其实远远小于 1000 种。以抖音为例，研究者发现，在超过 70%的短视频里面的物体种类不超过 10 种。在这种场景下，我们其实根本不需要去构建一个能识别 1000 种类别的模型。

具体应该怎么操作呢？我们要基于这样一个事实：对于一个应用场景中出现的所有物体，在 70%的概率下，物体种类都不会超过 10 种。为了进一步减少模型的资源需求，我们训练一个精简的特殊化模型，仅用于识别经常出现的 10 种物体类别；当出现的物体类别不属于这 10 种时，我们再寻求常规模型的帮助。图 8.3.1 是特殊化模型示意图，从图中不难看出，我们不仅需要最频繁出现的 10 种物体类别，而且还需要第 11 种类别，第 11 种类别叫作不确定类别。如果分类结果是不确定类别，那么这个结果就表示模型已经超越了精简特殊化模型的能力，我们要去寻求常规模型的帮助。因此，我们只在 30%的概率下，才会通过常规模型做分类。

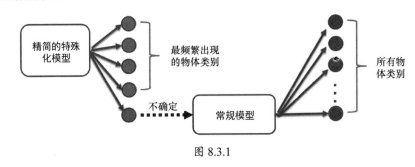

图 8.3.1

所以，大部分时间我们都是通过精简的特殊化模型来做推理的，这就间接减少了对深度学习模型的资源需求。

8.3.2　动态模型

动态模型（Dynamic Model）的数据样本本身是有差别的，例如，图 8.3.2 是容易识别的猫与不容易识别的猫的对比图。图（a）中，猫的头和眼睛的位置都很正，背景颜色和猫的毛色差别也很大，所以对于模型来说，这是非常容易识别的数据样本；图（b）中，同样是一只猫，但是它的姿态有些"诡异"，毛色和背景颜色也很相似，这对于深度学习模型来说，就是比较难识别的数据样本。这和我们人类视觉系统很相似，比如我们在看到一只蝴蝶时，就能立刻知道它是什么，但是如果蝴蝶的位置在随时变化，我们可能需要多观察几眼，但依然可以识别出来。所以基于这样的观察，我们就产生了动态模型的思想。

容易识别的数据样本　　　　　识别起来比较困难的数据样本

（a）　　　　　　　　　　　（b）

图 8.3.2

动态模型的核心思想是对难易不同的数据采用不同的处理方式。图 8.3.3 是动态模型示意图，当遇到一个比较困难的数据样本时，动态模型选择用较多卷积层数的模型来处理，确保得到一个高置信度（high confidence）的识别结果；当遇到一个比较容易的数据样本时，动态模型不需要用到所有的卷积层，而在中间的某个地方就能取得一个高置信度的结果，这样一来，AR 眼镜所需要的 FLOPs 减少了，就相当于变相减少了深度学习的资源需求。这两项技术在具体应用里面是非常有效的。

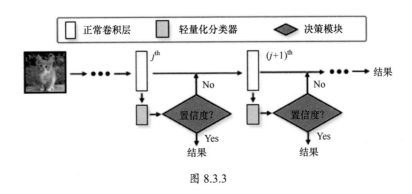

图 8.3.3

如何确定置信度的值呢？在 MSDNet[3]（Multi-Scale Dense Convolutional Network，多尺度密集网络）中，置信度的值为 Softmax 函数输出的概率中的最大值，而阈值的设置方法有两种：一种是预先人为设定一个 0～1 的值，另一种是根据计算资源动态调整。

8.4   深度学习系统的设计

8.4.1   实际应用场景中的挑战

8.3 节介绍的两个模型具有一定的局限性，即只能在一个终端设备上运行一个深度学习模型。但现实世界比较复杂，一个终端设备上往往要运行不止一个深度学习模型，而且每个模型专注于不同的任务。更为复杂的是，模型执行的任务数和具体任务的种类会随用户所处的环境变化而发生动态变化。

我们以 AR 眼镜为例，当我们在使用 AR 眼镜时，它的内部往往同时运行着多个应用程序。如图 8.4.1 所示，当我们在户外的时候，AR 眼镜可以帮助我们识别周围物体和建筑物；当我们跟他人交互时，它还会有另一个任务，就是帮助我们识别对面的人脸和对方的表情。也就是说，我们所处的环境不同，这个终端设备上运行的程序数和具体尝试的任务种类就会不断发生变化，这就是比较复杂的场景了。

任务#1：
识别周围物体

任务#2：
识别周围建筑物

任务#3：
识别人脸与表情

图 8.4.1

当我们想实现这样一个复杂系统的时候，会遇到一个根本性的问题——我们要独立开发深度学习应用。假设深度学习能够获得一定的系统资源，比如，我们开发 iPhone APP，苹果公司要求 APP 不能超过一定的存储容量，那么我们的任务就是基于这样的假设去选取压缩模型，一旦压缩模型选取后，系统资源需求也就确定了。

但在 AR 眼镜的例子中，AR 眼镜所要执行的深度学习的任务数量和种类是随环境发生变化的，这意味着系统中可以利用的资源也是在变化的，这就带来了一个非常严峻的问题——当这个系统中可利用的资源没有办法满足深度学习的资源需求时，应用的性能就会显著下降。比如，我们要求这个应用的延迟时间不能超过一秒，但系统当前还在运行其他应用，我们分到的 CPU 或 GPU 资源不足以支持在一秒的限制内输出计算结果，这就导致我们不能及时处理视频里所有帧的图像，因而不得不放弃，于是这些图像里出现的信息就没有办法被捕获和识别了。

8.4.2　实际应用场景中的问题解决

我们需要两个功能模块从根本上解决上述的问题。

首先，我们要为每一个任务提供多个压缩模型，每个压缩模型具有不同的系统资源需求（图 8.4.2）。当可用系统资源较少时，我们调用资源需求少的那个压缩模型；当可用系统资源变多时，比如其中一个任务结束，产生了多余的资源，我们就去调用另外一个可能对系统资源需求多一点的压缩模型。我们需要这样的机制来适应动态的系统资源变化。但是很显然，这个想法过于简单，如果我们的任务数量是 M，给每一个任务提供的压缩模型数是 N，那么我们就要装 $M \times N$ 个压缩模型，这不是一个可扩展的解决方案，也没有哪位用户愿意安装这种应用。

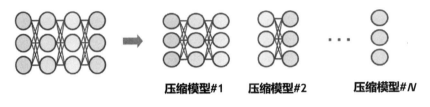

图 8.4.2

其次，我们还需要一个实时调度器（Realtime Scheduler）。如图 8.4.3 所示，我们能够根据系统现有的资源为每一个正在运行的应用挑选最合适的压缩模型，以便系统里所有正在执行的任务的综合效果和性能达到最优。

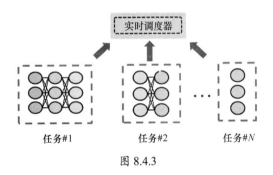

图 8.4.3

虽然我们需要实时调度器的帮忙，但是运行过程会比较复杂，因为我们要定义什么才是合适的压缩模型，这涉及比较深层次的问题。每一个任务对识别准确率和实时性的诉求不一样，最合适的压缩模型，也就是最合适的压缩比例需要和任务诉求相匹配。

举个例子，在图 8.4.4 中，对于"任务#1：车牌识别"来说，这项任务对准确率的要求非常高，但是它对实时性要求比较低。一个识别车牌信息用于开罚单的应用，就一定不能把车辆信息识别错，但产生罚单的结果可以是在一小时或两小时之后，所以从这个角度看，它对实时性要求比较低。对于"任务#2：交通拥堵检测"来说，它对准确率要求不高。在某一时刻，一个十字路口是有 100 辆车还是 105 辆车，对判断交通是否拥堵的影响并不大，可由于交通拥堵瞬息万变，它对实时性要求非常高，如果在发现拥堵出现的一小时后再发布拥堵信息，这样就没有任何意义了。

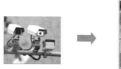

任务#1：车牌识别

准确率要求高
实时性要求低

任务#2：交通拥堵检测

准确率要求低
实时性要求高

图 8.4.4

通过这两个任务的比较，我们可以得知，每一个任务对准确率和实时性的诉求是不一样的。系统可以充分利用诉求不同的特点来合理利用有限的资源，从而达到整个系统性能的最佳状态。

8.4.3　案例分析

本节我们介绍一个框架——NestDNN[4]，这个框架包含了两个模块：第一个模块能够实现模型的转化，包括图 8.4.5 中的模型剪裁和模型恢复。一个常规的深度学习模型，比如 VGG，它可以转化成一个 N 合一的压缩模型，我们把它称为多合一模型（Multi-Capacity Model）。虽然这只是一个模型，但是它可以提供多个压缩模型的需求。这个模型不是独立的，而是嵌套在一起的，就像俄罗斯套娃一样，极大地节省了空间。第二个模块能够实现调度器的功能，见图 8.4.5 中的"调度器"部分。调度器发挥了两个作用：为每个正在运行的任务挑选一个和需求匹配的压缩模型；根据系统里的资源量，动态地将这些资源分配到不同的任务里，使系统里所有任务的综合性能达到最佳。

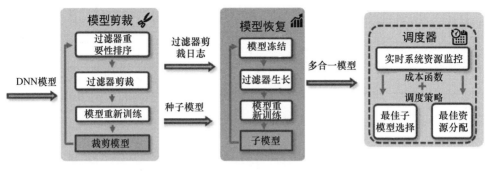

图 8.4.5

1. 多合一模型的生成

多合一的模型如何生成呢？如图 8.4.5 左侧部分所示，首先，我们输入一个普通的 DNN 模型，如 VGG 或 ResNet，接下来进行模型剪裁，用过滤器剪裁技术对过滤器进行重要性排序，把排名靠后的部分裁剪掉，然后重新训练模型的识别准确率。在经历过很多次这样的操作后，我们会得到一个记录了每一步剪裁的过滤器裁剪日志，日志中最小的模型称之为种子模型。种子模型的识别准确率满足用户提出的最低要求，同时也是资源需求最少的压缩模型，如图 8.4.6 所示。

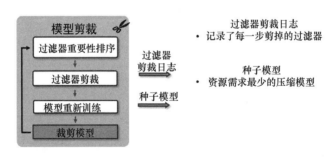

图 8.4.6

然后，我们从种子模型开始，把剪裁的过滤器数量加回来。具体来说，就是每一步都做一个模型冻结，即固定模型的所有参数值，把减去的过滤器按照日志的反方向一次一次地加回来。在加的过程中，每加一步我们就做一次重新训练，以保证重新训练后的模型的识别准确率。这样迭代下去，最后就得到了多合一模型。由于模型冻结的原因，多合一模型里面包含的子模型之间实现了参数共享，因此，多合一模型还是原来模型的大小，但同时又提供了 N 合一的压缩机制，这是一种可以灵活做压缩的机制。

2. 实时调度器的实现

实时调度器如何实现呢？我们需要为每个压缩模型设计一个成本函数，它能反映任务对识别准确率和实时性的需求。成本函数公式如下：

$$C(m_v, u_v, v) = (A_{\min}(v) - A(m_v)) + \alpha \cdot \max\left(0, \frac{L(m_v)}{u_v} - L_{\max}(v)\right)$$

其中，$A_{\min}(v)$ 是用户对任务 v 所要求的最低识别准确率；$L_{\max}(v)$ 是用户对任务 v 所能容忍的最大时延；u_v 是系统分配给任务 v 的系统资源比例，如 CPU 的占用比例；α 是一个超参数，它是让用户选择到底是识别准确率优先还是实时性优先；$A(m_v)$ 是压缩模型 m_v 的识别准确率；$L(m_v)$ 是当系统把 100% 资源分配给任务 v 时，压缩模型 m_v 的时延。

成本函数主要由两部分组成：第一部分，如果任务的识别准确率越大于最小任务的需求，成本就越低；第二部分，我们让系统选取时延不超过此任务能容忍的最大时延的模型，时延越高，$L(m_v)$ 除以 u_v 的值就越高，如果该值大于 $L_{\max}(v)$ 的话，它的成本函数值就会上升，系统则不鼓励选择这个资源分配的方案。

当我们设计好成本函数之后，下一步就是选取调度方案。有很多种调度方案可供选择，这里我们选取了两种。

第一种方案叫作 MinTotalCost，它把所有任务的成本函数加在一起，尽量使成本函数的和最小，公式如下：

$$\min \sum_{v \in V} C(m_v, u_v, v) \quad \text{其中，} \sum_{v \in V} S(m_v) \leqslant S_{\max}, \quad \sum_{v \in V} u_v \leqslant 1$$

它有两个限制条件：第一个限制条件就是所有任务占用的内存总和不能超过系统本身的内存大小；第二个是所有模型占用的计算资源比例不超过 100%。在这样的调度方案基础上，系统更倾向于把系统资源分配给一个成本更低的任务。

第二个方案叫作 MinMaxCost，在所有的任务里，它会找成本最高的任务，尽量最小化成本，公式如下：

$$\min k \quad 其中，\forall v: C(m_v, u_v, v) \leqslant k, \quad \sum_{v \in V} S(m_v) \leqslant S_{\max}, \quad \sum_{v \in V} u_v \leqslant 1$$

这个调度方案最后产生的行为会更倾向于把系统资源平均分配给每一个任务。

3. 效果对比

在图 8.4.7[5]中，图（a）是方案 MinTotalCost 的效果图，图（b）是方案 MinMaxCost 的效果图。圆圈是基于固定模型的压缩方法，菱形代表框架 NestDNN——成本函数 α 取不同的值，可以得到不同的菱形。基于圆圈，我们可以把每张图分成四个象限，如果菱形落到每个图里的右上象限，则表示每一个菱形都比圆圈取得了更高的识别准确率和时延。可以看到，对于固定模型的压缩方法，NestDNN 能够提高 4.2%的识别准确率，同时在单位时间内能够处理的帧数提升了 2 倍。所以，当我们能够动态考虑系统里资源的变化时，就能设计出一个非常有效的系统，使得系统本身的性能达到最优。

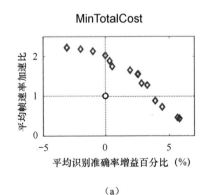
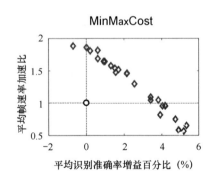

（a）　　　　　　　　　　　　　　（b）

图 8.4.7

本节最后，我们考虑框架实现了什么？其实，框架实现了在每个任务内部不同压缩模型之间的共享（Model Sharing Across Task）。一般而言，不同模型之间共享的参数只是针对某一个任务的内部而言的，因此任务间并没有共享机制。当不同任务间有很多相似性的时候，我们可以利用这些相似性来实现不同任务层面上的模型共享，以此达到减少系统资源需求的目的。

这个想法的核心思想用到了我们比较熟悉的迁移学习的思想，具体过程是这样操作的，如图 8.4.8[6]所示，首先我们从网上下载一个已经预先训练好的模型，对于不同的任务，我们保持这个模型的前几层的参数值不变，然后针对不同任务，对这个模型的后几层分别进行单独微调。这样的话，我们把模型组合起来，就能实现不同任务层面上的模型共享，可以极大减少多个任务对系统总资源的需求。

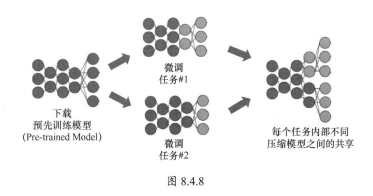

图 8.4.8

迁移学习是一种机器学习方法，指的是在数据集上将一个预先训练好的模型重新用在另一个任务中。例如，在图像识别领域，我们通常选择在 ImageNet 数据集上做预训练，然后将这个预先训练好的模型用到其他任务上并进行微调。模型共享正是利用了迁移学习的原理：在 CNN 中，浅层卷积层提取基础特征，如边缘和轮廓，而深层卷积层则负责提取抽象特征，如人脸。所以，模型共享可以理解成相似的任务间共享浅层的特征提取器，而单独训练是针对不同任务的深层卷积层和最后的全连接层的。

本章参考文献

[1] Kaiming He, Xiangyu Zhang, Shaoqing Ren, et al. Deep Residual Learning for Image Recognition.CVPR. 2016.

[2] Alfredo Canziani, Adam Paszke, Eugenio Culurciello. An Analysis of Deep Neural Network Models for Practical Applications. 2016.

[3] Gao Huang, Danlu Chen, Tianhong Li, et al. Multi-Scale Dense Networks for Resource Efficient Image Classification. arxiv. 2018.

[4] Biyi Fang, Xiao Zeng, Mi Zhang. NestDNN: Resource-Aware Multi-Tenant On-Device Deep Learning for Continuous Mobile Vision. ACM MobiCom. 2018.

[5] Biyi Fang, Xiao Zeng, Mi Zhang. NestDNN: Resource-Aware Multi-Tenant On-Device Deep Learning for Continuous Mobile Vision. The 24th Annual International Conference. 2019.

[6] Angela H. Jiang, Daniel L.-K. Wong, Christopher Canel, et al. Mainstream: Dynamic Stem-Sharing for Multi-Tenant Video Processing.USENIX ATC'18. 2018.

第 9 章

DeeCamp 训练营最佳商业项目实战

《方仔照相馆》作者（排名不分先后）：

张　然　刘毅然

《AI 科幻世界》作者（排名不分先后）：

李泽康　唐相儒　费政聪　徐晓豪

《宠物健康识别》作者：

高浩元

《商品文案生成》作者（排名不分先后）：

时靖博　卜良霄　鲁金铭　聂麟骁　刘梦婷

创新工场发起 DeeCamp 训练营的初衷是培养人工智能应用型人才，因此训练营的一个重要目的是衔接学术界与产业界，弥补学术研究与产业实战之间的鸿沟，为高校在校生亲身参与真实商业项目提供机会，提升高校 AI 人才在行业应用中的实践能力。

基于此，DeeCamp 训练营自 2017 年创立之初便确立了"知识授课+实践课题"的核心模式，在实践课题部分始终坚持与科技企业合作，共同设置能够真实反映产业发展和需求的课题，组织学员分小组进行实战探索，为学员提供亲身体验 AI 技术如何应用于实际场景并积累实战经验的平台。

至今，DeeCamp 训练营已为学员们提供了近百个实践课题，这些课题涵盖了金融、零售、医疗健康、自动驾驶、教育、公益、移动互联网等多个领域的不同方向，除少数创新探索类课题之外，绝大多数课题都来自产业界具有代表性企业的一线需求。DeeCamp 训练营还邀请来自产业界知名 AI 企业的研究员和工程师指导学员们按照工业界的标准从事研究与开发，让学员们体验完整的 AI 原型产品开发周期。学员们使用来自工业界的真实数据或案例，深入真实世界场景，展开工程实践。

本章内容集结了过往两届 DeeCamp 训练营中的 4 个代表性项目，训练营邀请参与项目的学员整理和撰写了团队协作共同完成项目的实战过程，每个项目都包括背景信息、基础知识、任务分解、团队分工和时间安排建议等内容。我们希望这 4 个项目能够开拓读者视野，并引导读者了解和发现不同产业与不同技术是如何结合的，帮助读者寻找自己感兴趣的产业领域和技术领域，以此为开端进行深耕。同时，这些项目还还原了学员们在实战中的解题思路和技术路径，为读者了解 AI 产品的研发过程提供参考。

本章所收录的 4 个案例均来自过往两届训练营中的优秀项目，包括总冠军项目、赛道冠军项目和单项获奖项目，它们获得了项目导师和评委的好评，具有较高的参考性。其中，"方仔照相馆"和"宠物健康识别"属于计算机视觉方向的实战应用，"AI 科幻世界"和"商品文案生成"是 NLP 方向的实战应用。

9.1　方仔照相馆——AI 辅助单张图像生成积木方头仔

9.1.1　让"AI 方头仔"触手可及

计算机图形学和计算机视觉的前沿技术完全可以应用于"玩"的领域，例如，我们用手机对着现实世界中的某只宠物、某个毛绒玩具、某件家具、某辆汽车、某个建筑物、某件雕塑拍摄几张照片，然后有没有可能通过 AI 算法自动将照片中的主角变成一个拼装积木玩具？

我们预测，这会是一个特别吸引人并可能带来一定商机的 AI 项目。这个项目既可能落地为一个"爆款"手机 APP，也有望成为下一代手机里的"杀手级"应用。

以上命题的设计相对比较宽泛，总体目标是计算机对图像进行三维建模并生成有意义的拼装积木。团队通过调研与分析认为，不限对象的三维建模对传感器、数据和算力的要求都相当高，经过对时间及技术积累的权衡，团队决定缩小建模类型。考虑到与人脸、人体相关的 AI 技术已发展得十分成熟，计算机往往通过单张图片就能识别出大部分信息。因此，我们决定针对拼装积木中的一个细分品类—方头仔进行研究，希望通过单张图片就能生成一个惟妙惟肖的方头仔。

从照片到方头仔，这个项目本质上涉及两个核心问题：从现实到虚拟、从虚拟到现实。

1. 从现实到虚拟的解决方案

从现实到虚拟，对应目标问题中的基于图像的三维建模。基于图像的三维建模是一项结合计算机视觉与计算机图形学的任务，其核心难点在于二维图像的坐标系与三维数据的坐标系不同。二维图像的基本元素是像素，并且像素的坐标条是均匀的正交坐标系，所以相对容易处理。而对于三维数据，问题就变得相对复杂。三维数据并没有一个通用的坐标系，常用的三维数据表示方式有点云、体素、基于 NURBS1的 CAD2模型、离散三维网格，以及二维流形的参数化，等等，但没有一种表示方式能够通用地解决三维建模中的数据表示问题。

传统的三维建模方法往往是基于点云的表示，即通过多视角几何（Multi-View Geometry）的方法获得图像像素对应的三维空间坐标，进而形成离散的点云数据。我们可以通过离散的点云构建体素、网格等不同的表示方式，但是具体到人像建模问题，由于人像的三维几何细节比较复杂，以及二维图像承载信息有限，传统的多视角几何方法往往重建模型的效果不佳。同时，研究者也意识到人像的三维模型是有现成的模板的，人体模型的拓扑往往是固定的，所以我们只要将图像信息对准人体三维模板即可快速准确地达到人像建模的目的。相比多视角几何，这种方式能够大幅减少输入的图像数量，而且也能保持图像中很多细节的高分辨率。

因此，我们借鉴基于模板的人体三维建模来实现从现实到虚拟的三维积木模型，搭建针对积木模型的参数化模板，并通过图像分割与分类等方式实现对图像内容的分析和参数提取。

2．从虚拟到现实的解决方案

从现实到虚拟，即从图像生成虚拟模型，属于计算机视觉和图形学任务，而"从虚拟积木模型生成可拼装的实体积木模型"这一从虚拟到现实的任务则对应两个比较新兴的方向：计算制造和柔性制造。三维建模有相对统一的流程，而计算制造的任务往往与不同的制造方式息息相关，因此我们需要针对制造方式进行计算性设计。

具体到"从虚拟积木模型生成可拼装的实体积木模型"这一步，我们采用的制造方式是以注塑成模的拼装积木作为中间件，然后通过拼装得到完整的方头仔积木。其中，单个积木的制造已经在供应商端完成，而积木模型的

---

1. NURBS，英文全称 Non Uniform Rational B-Spline，意为非均匀有理样条。

2. CAD，英文全称 Computer Aided Design，意为计算机辅助设计。

生成和自动验证就成为核心的技术问题。针对这两个问题，我们搭建了一个和建模部分耦合的拼装数据库，并优化积木的拼装组合从而避免可能存在的积木碰撞问题。

9.1.2 理论支撑：BiSeNet 和 Mask R-CNN

针对图像生成参数化向量中的图像分割问题，我们使用了两个不同的深度神经网络：BiSeNet（Bilateral Segmentation Network，双边分割网络）和 Mask R-CNN。

1. BiSeNet

BiSeNet 使用特征融合模块（Feature Fusion Module），并结合空间路径（Spatial Path）和上下文路径（Context Path），实现了特征的选择和组合，对应的网络结构如图 9.1.1[1]所示。

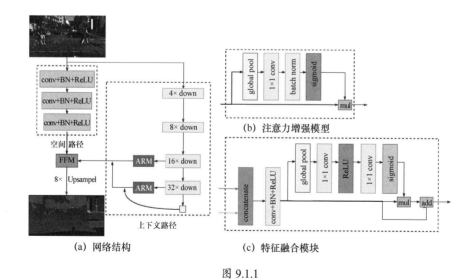

图 9.1.1

在实现阶段，我们需要调用 CelebAMask-HQ 数据库上的预训练模型实现面部特征的分割。

2. Mask R-CNN

Mask R-CNN 作为 Faster R-CNN 的扩展，添加了一个 Mask 分支，使用 Multi-Task（多任务）的损失函数同时求解了物体监测（Object Detection）和对象分割（Instance Segmentation）两个问题。网络结构如图 9.1.2[2]所示。

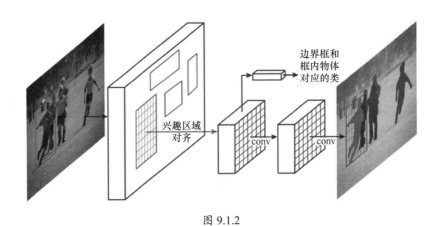

图 9.1.2

在系统的图像分割部分，我们调用了在 FashionPedia 数据库上的预训练模型实现了衣着特征的分割。

关于数据格式与操作，由于最终目标是生成实体的拼装积木，所以在计算与生成阶段，我们需要一种拼装积木的数字化表示。现在通用的拼装积木数据格式是 LDraw.org 社区提出的 LDraw 文件。LDraw 文件是一种开放的基于纯文本的 CAD 模型文件，包括三种不同的文件格式：dat、ldr 和 mpd。具体使用方法如下：

（1）基础的积木块，以及简单的积木组合和子模块使用 dat 格式。

（2）一个完整的积木模型使用 ldr 格式。

（3）多个 ldr 模型可以组成一个场景，一般使用 mpd 格式。

这三种文件格式拥有相同的文件结构，可以互相转换，这种共用的文件结构存储了包括基本积木模块的网格表示、空间位置与旋转，以及纹理贴图等信息。

基于 LDraw 文件，我们可以通过调整不同积木模块的空间位置和不同积木模块的组合将参数化向量转换成完整的三维模型，如图 9.1.3 所示。

图 9.1.3

9.1.3　任务分解：从图像分析到积木生成的实现

图 9.1.4 展示了系统的完整流程。首先，我们输入一张图片，算法会将人物上半身的图片送进人脸特征分割网络，以便进行人脸特征预测，并将下半身的图片送进另一个 CNN，以便进行人物衣着类型、颜色、logo 等信息的定位及分类。这两个网络地图的特征会被合并，并参数化成积木拼法的高维空间中的一个向量，向量作为这张输入图片的唯一编码。然后，积木生成算法会

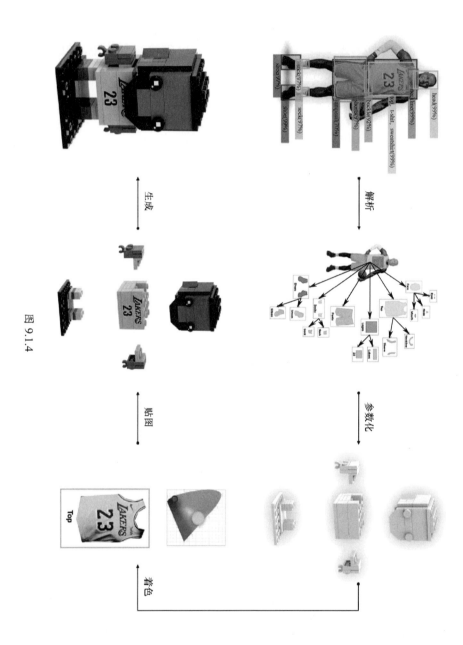

图 9.1.4

自动根据这个编码检索各个部分最相似的积木块，并经过碰撞分析、可拼装性分析后生成最终模板。最后，我们把图片中每个识别出来的像素点进行色彩空间内的聚类，同时我们通过对每个类像素点的数量来排序，从而确定在每个区域内对视觉影响较大的颜色。经过以上过程，我们就生成了积木方头仔。

基于这个流程，我们将整个 AI 辅助积木生成系统分成以下三部分任务。

任务一：使用 AI 算法识别正面肖像，并生成一个参数化向量

任务一的目的是通过单张人像生成虚拟的三维模型。由于三维模型后续需要转化成积木拼法，因此仅仅生成单一的完整三维模型是不够的，所以这里我们需要尝试生成一个参数化向量作为三维模型的表示，之后根据参数化向量对应的零件将其组合成三维模型。

1）对人像图片进行语义分割并提取 label

这部分任务属于传统的计算机视觉任务，即图像分割及分类。我们通过对人像显著性部分的观察，决定选取两个独立的深度神经网络对输入图像进行分割，第一个网络提取人像面部特征并分割提取五官的形状、位置及 label（标签），这里我们选用基于 BiSeNet，并在 CelebAMask-HQ（参照 GitHub 官网 CelebAMask-HQ 主页）数据库上的预训练模型，分割效果如图 9.1.5[3]所示。

图 9.1.5

第二个网络负责分割人像的衣着部分，并提取形状、位置和 label 等信息，这里我们选用基于 Mask R-CNN，并在 FashionPedia（参照 FashionPedia 官网）数据库上的预训练模型，分割效果如图 9.1.6 所示。

图 9.1.6

至此，我们获得了人像的区域分割与每个部分的形状、位置和 label。

2）对不同 label 的区域进行量化分析，提取参数化向量

虽然我们获得了输入图像中的图像分割信息，但二维图像的信息并不能直接对应到三维模型参数上，我们的思路是通过图像分割信息提取二维的区域参数，然后对于提取的二维参数，再寻找拼装数据库中对应的三维模块的积木拼法。

具体来说，提取的参数包括：

（1）区域最小包围盒的长和宽，用于确定区域大小和形状长宽比例。

（2）区域相对于参考点的位置（如五官相对于面部中心点的相对位置），用于确定不同模块的空间位置分布。

（3）区域相对于参考点的极坐标信息（如头发区域相对于面部中心所包围的角度范围和对应的幅度坐标），可用于确定人像是长发还是短发。

（4）区域的主色与副色，以及纹理的提取，用于对相应的积木进行染色和纹理贴图。

至此，我们得到了二维图像上的参数化信息组成的一个 n 维向量，接下来可以通过这个 n 维向量构建三维模型和拼装顺序。

任务二：根据参数化向量生成不同部位的积木拼法并生成整体积木

任务二的整体思路是寻找与参数化向量最匹配的积木拼装模块，如图 9.1.7 所示。首先，我们需要搭建一个针对积木方头仔的通用模板，但是对于不同的部位，如面部五官、衣着等，我们都需要生成多样的且与输入图像相似的拼法模块，所以我们需要搭建一个模块拼法的数据库，并针对每一个拼法生成一个对应的参数化表示，这样就能在参数化空间中寻找与输入参数化向量最接近的模型拼法。然后，我们还需要考虑不同模块之间的碰撞问题，如模块发生碰撞，则问题就变为模块不能同时被选择，这就对应了一个 0/1 整数规划问题，通过求解这两个问题即可得到与输入图像相似且可制造的拼装积木模型。

图 9.1.7

1）搭建不同模块的拼装数据库

这一步的主要目的是收集足够多的拼法数据，方便进行下一步参数匹配。我们整理了市售的积木方头仔和 MOC（My Own Creation）玩家创作的个性方头仔的拼装数据，并选出其中较为通用的一些模块拼法构建我们的拼装数据库。图 9.1.8 展示了数据库中的部分发型拼法。

图 9.1.8

2）通过参数化向量匹配拼装模块

由于数据库中的模块都拥有对应的参数化表示，因此关于寻找参数化向量对应的拼装模块的问题就转化为一个高维空间数据的分类问题，我们主要使用以下两种方法求解这个分类问题。

（1）欧式空间的最近邻法，即寻找欧式空间中距输入参数化向量最近的拼装模块。对于大部分模块的匹配，我们都使用这种方法。

（2）决策树法。我们发现对于衣着中的一些区域，使用欧式空间的最近邻法的效果并不好，于是我们同时配合了决策树法，对相应的参数进行结构化的分类，以便最终得到对应的拼装模块。

3）求解不同拼装模块的组合，避免碰撞

在拼装数据库中，我们还同时存储了不同模块的兼容性信息，即不同模块在拼装时是否会碰撞。通过这些碰撞信息，我们能构建一个带约束的 0/1 整数规划问题，结合上一步的参数化向量匹配即可获得无碰撞的完整拼装积木模型。

4）生成拼装模块步骤

在得到了完整的积木模型之后，我们还计算了积木模型的拼装顺序，方便在展示界面引导用户拼装。这一步的求解仍旧是基于拼装数据库中的模块初始数据，并且我们将模型所需要的不同模块的拼装顺序加以整合，形成完整的拼装顺序。

任务三：交互式生成与展示界面

作为一个针对普通用户的"方仔照相馆"项目，我们旨在为用户提供一套方便且友好的交互界面，使得用户可以无成本上手积木的生成和搭建。任务主要涉及将设计的积木生成系统部署至服务器端，并与前端交互，以及与展示界面连接，形成完整的用户交互闭环。

1）服务器端搭建

对于服务器端搭建这一步，我们使用了常用的 Flask 框架，将用于分割图像的神经网络模型部署至华为云的 GPU 服务器上，并因此实现了基于 HTTP（Hyper Text Transfer Protocol，超文本传输协议）的 API，以供数据交换。

2）前端搭建

前端部分主要包括图片上传与模型展示。整体框架用 Vue.js 编写；针对模型展示界面，我们调用了基于 Three.js 的模型渲染系统，实现了积木模型的实时渲染与拼装步骤可视化。

9.1.4　团队协作与时间安排

团队成员由 5 名队员及 1 名导师组成，且都具备对拼装积木的研究背景，开发时间为两个月。总的来说，DeeCamp 训练营不是一场算法比赛，所以在整体方案设计和时间安排上，团队认为该项目的初衷是考虑最终期望的产品形态。从这个角度看，团队拥有的自由度不仅包括技术选型与实现，也包括产品形态的设计和面向的用户群。因此，我们推荐至少留出四分之一的时间进行用户调研、产品选型和项目需求规划，具体的时间安排如下。

1．第一周和第二周：任务分析

1）分析命题

在 DeeCamp 训练营开启的前两周里，团队成员之间进行了多次深入讨论，分析了项目的理论难度、实现难度、应用广泛程度，以及创新性等诸多方面。对于笼统的三维建模，我们决定专注于人像建模上，这样在问题定义的具体应用上能够做到更加专注，也能做出更有意义的技术创新。值得注意的是，分析和打磨项目是一个长期的过程，至少在终期答辩之前团队成员都要注意团队的期望是否与项目初衷相吻合。

2）收集数据

由于我们专注于通过人像分析和建模生成积木模型，而人像的主要特征来源于发型、面部与衣着，所以我们在收集数据时就专注于寻找面部数据库和衣着数据库。经过搜索与对比，最终我们选择将 CelebAMask-HQ 作为面部数据来源，同时将 FashionPedia 作为衣着数据来源。而作为最终的测试集，我们从网上抓取了数百张肖像全身图（包括 NBA 球员定妆照、优衣库产品展示照等），将它们组成数据集用作测试。

3）调研参考文献

我们初步确定在技术方面需要实现的任务主要包括：面部特征监测与分割、衣着的监测与分割、发型的分类，以及各部分主颜色的提取。因此，我们搜索并收集了与 YOLO、BiSeNet、Mask R-CNN 等有关的论文作为参考，在此基础上搭建后续的系统框架。

4）打磨项目需求与计划

完成前面三项任务之后，根据每位成员的擅长领域，我们共同拟定了各个时间点的关键任务和人员的具体工作分配，以保证进度可控。

2. 第三周和第四周：图像提取程序设计

1）在图像面部测试 BiSeNet

这一阶段的任务主要是对肖像图片中的面部进行分割，我们使用了 BiSeNet

的一个开源实现（参照 GitHub 上的 face-parsing.PyTorch 仓库），并使用在 CelebAMask-HQ 数据集上进行预训练得到的预训练模型，经过测试，该模型在我们的测试数据集上表现良好。

2）在图像衣着部分测试 Mask R-CNN

这项任务主要是对肖像图片中的衣着部分进行分割，我们使用了 Mask R-CNN 的一个开源实现，并使用在 FashionPedia 数据集上进行预训练得到的预训练模型，经过测试，该模型在我们的测试数据集上表现良好。

3）搭建模型拼装数据库（下载和手动搭建）

由于没有公开、完整且多样化的积木模型拼装数据库，因此我们选择借鉴乐高套装以及乐高爱好者的 MOC 作品（可参考 Bricklink 上的展示），并结合团队成员自己创作的积木作品组成拼装数据库。

3．第五周和第六周：积木拼法生成

1）实现决策树模型匹配参数化向量，到各部位积木拼法

这部分要实现的目标是匹配图像分割获得的连续参数和离散的积木拼法的 label。首先，从肖像图片的分割中，我们能够得到每一个分割的 label 与分割获得的 mask，通过提取 mask 的位置、大小以及主方向等信息，我们能够生成一个连续的参数向量。然后，我们尝试构建一个决策树，即使用连续参数向量作为输入，将最终对应的积木拼法的序号作为输出。决策树的搭建与参数选择是人工实现的，具体的决策树参数可以在训练过程中进行调整，最终获得比较鲁棒的参数。

2）实现 Three.js 模型渲染

这一步任务的目的主要用于最终模型的拼装展示，这里我们使用了一个积木模型在线预览的开源框架（Github 上的 buildinginstructions.js 仓库），并进行了一些定制化的改动以支持我们的数据。

3）前端网站 UI 设计

为了实现最终用于交付的在线网站原型，我们在这一周开始了网站 UI（User Interface，用户界面）的设计，包括交互流程、logo 设计、配色与 UI 设计等，如图 9.1.9 所示。

图 9.1.9

4．第七周和第八周：系统部署

1）网站前端搭建

结合之前已经实现的前端模型渲染与 UI 设计，我们搭建了网站的前端部分，主要部分基于 Vue.js 实现，并嵌入 Three.js 的渲染框架用于模型展示。

2）网站后端部署

后端用于深度学习模型的推理和生成拼装积木，我们使用 Python+Flask 的框架进行搭建，后端计算使用华为云的独立显卡模块进行计算，以得到尽量实时的运算结果。

3）答辩准备

针对答辩，我们的准备工作包括：对所有用到的技术的介绍、实际实现方式的描述、生成结果的展示与评估等。此外，另一个非常重要的准备部分是介绍针对市场的产品分析，因为一个好的项目不仅需要技术过硬，同样也要抓准市场痛点。在最终答辩时，技术部分与市场部分介绍的占比为 1：1。在最终答辩过程中，"放轻松"和"自信"就是现场答辩的两大要点。希望读者能够从我们的实践中获得经验，帮助大家做出更好的项目。

此外，答辩并不是项目的终点，DeeCamp 训练营给了我们团队孵化这个有趣的项目的环境。在比赛结束后，团队经过几个月的努力，最终依靠这一项目成立了创业公司，我们计划在真正的市场环境中验证自己的想法和证明自己的能力。相信 DeeCamp 训练营的初衷也并不是选出优胜队伍，而是激发学员们的好奇心、想象力，并且真正地将技术落地，做出用户喜欢、具有社会价值的产品。

9.2　AI 科幻世界——基于预训练语言模型的科幻小说生成系统

9.2.1　打造人机协作的科幻小说作家

1．项目背景

科幻小说是一种起源于近代西方的文学体裁，科幻小说创作者需要具备扎实的文字功底、丰富的人生阅历和相对完善的知识体系。对于创作者来说，这些要求是不是有点高？在 AI 技术高速发展的今天，我们有没有可能利用 AI 技术将计算机打造成一位科幻小说作家？

人们也曾经幻想过有朝一日计算机可以像人类一样写作，用自然语言创作出高质量的文学作品，而这也正是 NLP 领域的一个重要研究方向——文本自动生成。众所周知，文本自动生成技术已经被应用于诗词生成、短文本（新闻）生成、问答与对话生成等任务，而科幻小说生成由于受篇幅长度、故事情节、内容复杂度等诸多因素的限制，一直没有得到很好的解决。

2. 解决思路

既然文本自动生成科幻小说面临诸多难题，那么我们何不换一个思路——采用人机协作的方式，发挥人类和机器各自的智慧共同进行文学创作，以此构建一位由人类指定故事主要情节、人物角色等元素，并由机器生成具体段落和句子的科幻小说作家呢？除此之外，根据创作者提前设定好的人物角色、故事主线、内容风格等信息，机器能否向创作者提供后续的故事发展情节和更多灵感呢？

随着深度学习技术的发展，各种各样的神经网络已被用来解决 NLP 领域的问题，例如 CNN、RNN、GNN、Attention 机制，等等。与传统方法相比，神经网络模型的一个优点是可以缓解大量特征工程问题，它可以自动学习语言特征，用分布式向量表示建模语言的句法和语法特征，但是效果仍不尽如人意。近年来，大量研究表明，基于大型语料库的预训练模型可以学习通用的语言表示，这既有利于下游 NLP 任务，同时也能够避免从零开始训练模型，这种方法能够更高效地构建一个不错的语言模型。因此，如果我们使用预训练模型的方法，则能够让我们更轻松地开发各种 NLP 系统。

在该项目中，我们将利用 NLP 和预训练模型的相关技术对爬取、清洗及整理好的小说文本数据进行分析处理，并进一步训练和微调语言模型，得到基于小说数据的语言生成模型，最终能够高效地生成具有一定写作风格的小说文本。同时，基于 Web 开发的前后端技术，我们将编写一个人机协同创作小说的交互界面，让使用者在创作小说文本的过程中，可以进行实时的人机交互文本创作和内容修正。

9.2.2　理论支撑：语言模型、Transformer 模型和 GPT2 预训练模型

要完成这个项目，我们需要具备一定的 AI 领域知识，如统计学与概率论基本知识、NLP 技术的相关概念和算法（如语言模型、预训练模型 BERT、GPT2 等），还需要熟悉 PyTorch、TensorFlow 等深度学习框架。除此之外，构建一个完整的产品还需要了解基本的前端开发知识和后台开发知识，等等。

本节，我们详细介绍该项目需要用到的三个重要的知识点：语言模型、Transformer 模型和 GPT2 预训练模型。

1．语言模型

语言模型（Language Model）是 NLP 的一项重要技术。NLP 中最常见的数据是文本数据，我们可以把一段自然语言文本看作一段离散的时间序列。假设一段长度为 T 的文本中的词依次为 $\{w_1, w_2, \cdots, w_T\}$，那么在离散的时间序列中，$w_t$ ($1 \leqslant t \leqslant T$) 可看作在时间步（Time Step）$t$ 的输出或标签。给定一个长度为 T 的词的序列 $\{w_1, w_2, \cdots, w_T\}$，语言模型将计算该序列的概率：

$$P(w_1, w_2, \cdots, w_T)$$

语言模型可用于提升语音识别和机器翻译的性能。例如，在语音识别系统中，我们给定一段"厨房里食油用完了"的语音，系统有可能会输出"厨房里食油用完了"和"厨房里石油用完了"这两个读音完全一样的文本序列。如果语言模型判断出前者的概率大于后者的概率，我们就可以根据相同读音输出"厨房里食油用完了"的文本序列。

为了计算语言模型，首先，我们假设序列 $\{w_1, w_2, \cdots, w_T\}$ 中的每个词是依次生成的，得到如下公式：

$$P\left(w_1, w_2, \cdots, w_T\right) = \prod_{t=1}^{T} P(w_t \mid w_1, w_2, \cdots, w_{t-1})$$

其次，我们还需要计算词的概率，以及一个词在给定前几个词的情况下的条件概率，即语言模型参数。我们假设训练数据集为一个大型文本语料库，如维基百科的所有条目。词的概率可以通过该词在训练数据集中的相对词频来计算。例如，$P(w_1)$ 可以计算为 w_1 在训练数据集中的词频（词出现的次数）与训练数据集的总词数之比。因此，根据条件概率定义，一个词在给定前几个词的情况下的条件概率也可以通过训练数据集中的相对词频来计算。例如，$P(w_2 \mid w_1)$ 可以计算为 w_1、w_2 两词相邻的频率与 w_1 词频的比值，因为该比值即为 $P(w_2, w_1)$ 与 $P(w_1)$ 之比，以此类推。

2．Transformer 模型

Transformer 模型来自论文 *Attention Is All You Need*。这个模型最初是为了提

高机器翻译的效率，它的 Self-Attention 机制和位置编码（Position Encoding）可以有效替代循环卷积网络。因为循环卷积网络是顺序执行的，即 t 时刻没有完成就不能处理 $t+1$ 时刻的任务，因此循环卷积网络很难并行执行。但是后来的研究者发现 Self-Attention 机制的效果很好，而且在其他很多领域和任务上也可以使用 Transformer 模型，包括著名的 OpenAI GPT 模型和 BERT 模型，它们都是以 Transformer 模型为基础的。当然它们只使用了 Transformer 模型的部分解码器，没有使用编码器。

（1）多头注意力（Multi-Head Attention）机制函数，如图 9.2.1（a）所示。常见的 Attention 机制函数可由以下形式表示：

$$\text{Attention} - \text{output} = \text{Attention}(Q, K, V)$$

多头注意力机制函数则是通过 h 个不同的线性变换对 Q、K、V 进行投影，最后将不同的 Attention 机制函数结果拼接起来：

$$\text{MultiHead}(Q, K, V) = \text{Concat}(\text{head}_1, \cdots, \text{head}_h)W^O$$

$$\text{head}_i = \text{Attention}(QW_i^Q, KW_i^K, VW_i^V)$$

在 Attention 机制函数中，Q、K、V 取值相同。

另外，Attention 机制函数的计算采用了点积注意力机制函数的方式，如图 9.2.1（b）所示，即：

$$\text{Attention}(Q, K, V) = \text{Softmax}\left(\frac{QK^T}{\sqrt{d_k}}\right)V$$

（2）模型的基本结构。和大多数序列到序列（Seq2Seq）模型一样，Transformer 模型的结构也是由编码器和解码器组成的，如图 9.2.2 所示。编码器由 $N=6$ 个相同的层（layer）组成，层指的就是图左侧的单元。每个层由两个子层（SubLayer）组成，两个子层分别是多头注意力机制和全连接的前向网络，每个子层都加了残差连接和正则化，因此我们可以将子层的输出表示为：

$$\text{sub} - \text{layer} - \text{output} = \text{LayerNorm}(x + \text{SubLayer}(x))$$

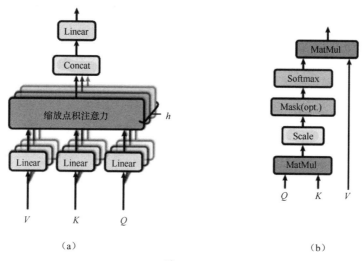

（a）　　　　　　　　　　　　　　　　（b）

图 9.2.1

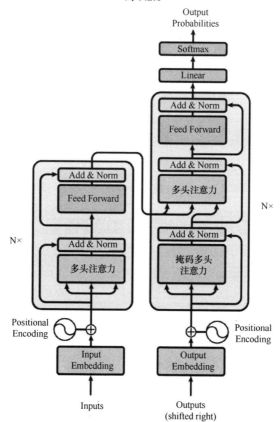

图 9.2.2

解码器和编码器的结构差不多，但是多了一个交叉注意力（Cross-Attention）的子层来对编码器内容进行加权。

3．GPT2 预训练模型

GPT2 模型率先使用 Transformer 模型的结构替代原本常用的循环卷积结构，模型框架是先做无监督预训练再做有监督的微调，无监督预训练的模型是一种自回归语言模型。

（1）无监督预训练，即给定一段序列 $\{x_1,\cdots,x_L\}$，模型在预训练时使用 $\{x_1\}$ 预测 $\{x_2\}$，接着使用 $\{x_1,x_2\}$ 预测 $\{x_3\}$，直到最后使用 $\{x_1,\cdots,x_{L-1}\}$ 预测 $\{x_L\}$。这种性质的模型往往都认为下一个字的出现依赖于上文，公式如下：

$$L_{XE} = \sum_i \log P(x_i|x_1,\cdots,x_{i-1};\Theta)$$

（2）有监督的微调。我们在微调阶段可将预训练模型部署到不同的下游任务中，例如，本项目使用了多阶段微调的技术。首先，我们利用在大规模中文语料库上训练的预训练模型在全量科幻小说数据集上进行微调；其次，使用第一步微调后的模型在不同作家的小说数据集上进行微调，以此得到不同作家的写作风格的生成模型。

9.2.3 从"找小说"到"写小说"的实现步骤

任务一：语料库数据的获取和清洗

（1）基于 PyQuery、Requests 等 Python 爬虫库，我们可以从开源小说平台上收集小说文本数据。考虑到数据的质量在很大程度上决定了模型的质量，这里我们需要对爬取或收集到的小说文本数据进行预处理：清洗小说文本中的一些特殊字符；对于部分篇幅过短或内容质量不高的小说文本进行过滤；根据卷、章、节等不同层级将小说文本以 json 格式整理成质量较高的小说语料库。

（2）"人物""地点""情节"是小说创作的三大要素，也是一部小说的重要组成部分。为了更充分地挖掘小说的这些信息，我们可以利用现有的自然语言工具，如百度 LAC、JIEBA 等命名实体识别的工具包对整理好的小说语料库进行关键词提取和预处理。通过命名实体的识别，我们将人名、地点等实体进行标记和替换，为语言模型后续的训练提供良好的准备。

（3）我们将清洗、整理好的小说语料库和提取完成的小说重要实体以统一格式整理成最终的小说语料文本集。此外，为了满足后续语言模型在训练时对输入语料格式的需求，我们后续采用 Hugging Face 框架训练语言模型，并根据其对输入文本的要求对小说数据进行分句处理。

任务二：预训练语言模型的训练和微调

（1）理解预训练语言模型的基本原理，熟悉 Hugging Face 框架交互的接口。我们使用预训练语言模型的原因是：尽管它仍需要进行一些微调，但它已经为我们节省了大量的时间和计算资源；理解用于自然语言生成的 GPT2 模型，尝试利用现有的预训练语言模型和数据在文本生成任务中生成句子，并观察模型生成的效果。

（2）利用采集和整理好的小说语料库的训练数据，对现有的预训练语言模型进行微调。我们需要编写微调的脚本，包括对文本的处理和导入，在训练中还可以尝试多卡分布式并行加速训练。

（3）基于不同作家的小说语料库，尝试对生成语言模型的语言风格进行微调、测试和优化，写出具有特定作家个人写作风格的小说。

任务三：后端通信与深度学习模型的交互和部署

（1）创建 API。当模型训练完成后，保存模型，把模型在后端打包，以 API 的形式提供使用接口。此时可以根据需求用 Flask 框架或 Django 框架创建 API，在理想状态下，我们期望创建 REST 式的 API，因为这样有助于分离客户端和服务器，也能优化可见性、可靠性和可扩展性。Flask 框架是一款用 Python 编写的微型 Web 框架，可以帮我们开发响应请求 API 或 Web 应用。Flask 框架还有一些可替代工具，比如 Django、Pyramid 和 web2py。此外，Flask-RESTful 框架提供了一个 Flask 框架扩展功能，支持快速创建 REST API。

（2）测试 API，确保模型响应 API 的正确预测。我们使用客户端进行测试，工作流中的客户端可以是任何设备或第三方应用，用于向托管模型预测的架构的服务器发送请求。

（3）测试 Web 服务器，为我们创建的 API 测试 Web 服务器。如果你用 Flask 框架创建 API，Gunicorn 服务器是个不错的选择。

（4）配置负载均衡器，我们可以配置 Nginx 服务器来处理所有 Gunicorn 服务器进程上的全部测试请求，每个进程都有自己的 API 和深度学习模型。负载均衡器通过集群中的多个服务器或实例将工作负载（请求）进行分布，其目的是避免任何单一资源发生过载，进而将响应时间最小化及程序吞吐量最大化。

（5）生产设置，在选择好云服务器后，我们从标准的 Ubuntu 镜像中设置机器或实例。目前一些著名的云平台有 AWS、Google Cloud 和 Azure。选择服务器机器要考虑实际的深度学习模型的需求和用途。待机器运行后，设置 Nginx 服务器、Python 虚拟环境，安装所有的依赖，拷贝 API，最后，我们可以尝试运行 API 和模型。

此处，Nginx 是一个开源网络服务器，但也可以用作负载均衡器，其以高性能和很小的内存占用而著称。它可以大量生成工作进程，每个进程能处理数千个网络连接，因而它在极重的网络负载下也能高效工作。

（6）自定义 API 镜像。首先，我们确保 API 能够顺畅工作，然后通过捕捉实例的快照来创建包含 API 和模型的自定义镜像，快照会保存该应用的所有设置。

（7）实例集群。我们使用之前创建的自定义 API 镜像来启动一个实例集群，并从云平台上创建一个负载均衡器，根据需求，负载均衡器可以是公用的也可以是专用的。我们将实例集群连接到负载均衡器，确保负载均衡器在所有实例中平等分布工作量。

（8）加载/性能测试。和开发中的加载/性能测试相同，在生产中我们遵循同样的流程，只是这里要处理数百万条请求。我们可以试着将架构分解，检查其稳定性和可靠性。

任务四：模型生成结果界面展示

有了完善的"后台"，还需要一个能够轻松用起来的"前台"，创作者可以在创作小说的同时进行人机交互和内容修正。基于这些需求，我们将制作一个可交互的界面，最终界面如图 9.2.3 所示。

图 9.2.3

9.2.4　团队协作与时间安排

结合团队成员的研发经历和经验，团队成员中应包含算法工程师 3～4 名，负责语料库的清洗与预处理、检索模型的探索与设计、模型算法的设计与实现；

前端工程师、后端工程师各 1 名，负责产品前后端的设计与实现；产品经理 1 名，负责产品设计和项目管理。以上各角色之间也可以兼任。所有的工作大致分为三类：数据类工作，包括数据收集和准备；模型方面工作，主要是模型训练；产品相关工作，包括产品功能、后端架构和前端展示等。

1. 第一周：数据处理与产品初探

在第一周，团队的主要任务包括数据收集与清洗、基础知识学习，以及产品初步规划。根据团队成员配置的具体情况，这些任务可以同步进行，也可以逐一进行。

（1）数据收集。尽可能多地收集小说文本数据，由于我们的创作主题是"科幻"，这里重点收集科幻小说文本。

（2）数据清洗。数据清洗包括对基本数据的处理，以及对小说语料库的清洗。数据清洗的目的是删除与小说无关的数据信息，如广告等，方便后续模型训练。除此之外，根据 9.2.3 节任务一，对于小说内容，我们还需要做命名实体识别，识别出人物、地点、情节等信息，并使用特殊的符号（如[PER]、[LOC]、[ORG]）替代，这是为了之后在生成小说时，人物、地点、情节等具有可替代性。

（3）基础知识学习。因为并不是所有团队成员都对 NLP 有深入的了解，我们预留了一些时间供成员了解语言模型等与自然语言技术相关的概念，为后面的工作做准备。

（4）产品初步规划。通过团队内部的讨论和协商，明确产品需要达成的效果及整体方向，在这一阶段我们将产品定义为"可进行人机相互协作的创作辅助工具"，而非单独由 AI 生成整篇小说。

2. 第二周：细化目标、小试牛刀

如果说第一周是项目的前期准备，那么从第二周开始，项目的研发工作就正式启动了。这一周最重要的事情是产品规划。我们需要考虑：产品应该具备哪些功能、这些功能应该如何实现，等等。在此基础上，模型和前端开发也要开动起来了。

（1）模型学习和测试。9.2.3 节提到，我们将基于预训练模型进行项目开发，因此本周的学习计划从学习 NLP 基础知识进阶为学习预训练语言模型，同时算法工程师开始做简单的测试，并逐步上手 PyTorch 框架。

（2）产品细化。对产品的细化是我们完成项目的关键一环。在这一过程中，首先我们对已有的同类产品（模型）进行分析，总结出现有产品存在的问题，图 9.2.4 展示的是用 GPT2 模型生成小说时出现的问题，也就是我们需要攻克的难题。

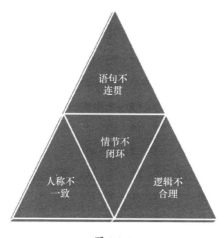

图 9.2.4

然后，我们需要有目的地学习和了解文学创作的过程，以确定我们的产品将如何生成小说。通过查阅资料和与作家们交流等方式，我们把"小说创作"这一过程分解为事件、情节、要素三个关键点，并分别对这三个关键点设计有针对性的算法。图 9.2.4 是我们最初设计的解题思路，这个思路的最大难点是难度较高，也正因如此，后来我们在产品升级过程中改用了参数量大的预训练模型，但我们仍然认为在模型能完全实现的前提下，这个思路的效果是更好的。

（3）进一步做数据处理。根据确定好的产品规划，对数据做进一步的清洗和筛选。

（4）前端和界面的设计。根据产品的功能，开始做交互和展示方面的设计。

3. 第三周：集中全力投入核心开发

在掌握了必要知识、确定了开发思路和产品目标之后，这一周就是集中全力攻克难题了，也是高强度开发的一周。无论是模型还是产品的前后端，都将在这一周成型。

（1）代码撰写。撰写模型相关代码，在数据集上进行微调。

（2）模型调整。对模型输出结果进行分析和改正。

（3）前端开发。在上一周的设计基础上继续开发，实现基本的交互功能。

（4）后端部署。在服务器上部署模型，打通整个流程。

4. 第四周：产品"出厂"前的最终调优

经历过第三周的集中研发后，科幻小说 AI 交互创作已经初具雏形，在最后一周，我们需要分别对产品的各方面进行调优。算法工程师主攻模型优化与改进，前后端工程师负责交互速度、功能性和美观度等方面的优化。

（1）模型。进一步优化与改进，选取一些样例并进行记录。

（2）交互。测试整个交互流程，进行速度方面的优化。

（3）展示。让页面更加美观，功能更加优化。

产品的优化是一项长期的工作，优化工作不会因为产品上线而终止。经过 4 周的团队协作，我们创造出了一个较为满意的作品——AI 科幻世界，但"AI 科幻世界"无论是在算法上还是在展示中，都仍有很大的提升空间。事实上，在 DeeCamp 训练营结束后，我们团队中的大部分成员还在持续参与产品的迭代，从模型到交互页面，都对其进行了升级。"AI 科幻世界"作为"机器"一方加入人机协作实验项目"共生纪"当中，正在与十余位科幻作家共同创作科幻小说。希望在本书出版的时候，大家已经能看到由"AI 科幻世界"创作出来的小说。

作为一名开发者，我们总能找到更好的办法去实现自己的想法，这也许就是工程师的快乐吧！

9.3　宠物健康识别——基于图像表征学习的宠物肥胖度在线检测系统

9.3.1　人人都能做"养宠达人"

1. 项目背景

和人类一样，体重也是衡量宠物健康状况的一个重要指标。根据 2017 年的统计数据，中国宠物猫和宠物狗数量共计 0.9 亿只，养宠物的家庭约 6000 万户，其中新手比例非常高。由于很多家庭缺乏专业的养宠物经验，仅凭肉眼去准确判断自家宠物是否肥胖是较为困难的。然而，除宠物医院或诊所能提供专业服务之外，目前市面上尚没有出现基于宠物外观形态来判断其健康状况的初诊（指初步判断就诊者的健康状况并给出相关建议，并不作为专业医学建议）手段。

在 AI 技术高速发展的今天，我们有没有可能利用 AI 技术打造一个"宠物肥胖度在线检测系统"？只需用手机给家里的宠物拍一张照片并上传系统，系统就能根据图像信息自动地分析出宠物的肥胖情况。因此，借助 AI 技术，我们能让每位养宠新手都可以化身为"养宠达人"。

2. 解决思路

众所周知，现在的图像识别技术已经非常发达，但是该技术还没有应用于宠物肥胖度检测中，所以针对这个问题，我们必须设计一个全新的解决方案。

随着深度学习的发展，各种各样的神经网络被用来解决 NLP 问题。与传统方法相比，神经网络模型的一个优点是可以缓解大量特征工程问题，神经网络模型可以自动学习图像特征并用分布式向量表示来建模图像特征。目前，业界有许多图像表征学习的方法，一个最常用的方法是构建一个基于某种语义信息的分类任务，我们直接对该任务进行学习，并且让网络得到图像表征学习的能力。在训练完分类任务后，我们再将网络最后一个分类层去掉，剩余的网络部分的输出就可以作为一个包含大量语义信息的特征向量，并迁移到其他任务中。

大量研究表明，基于大型图像分类任务（比如 ImageNet 数据集）的预训练模型可以学习通用的图像表征，这对各类下游计算机视觉任务都有很大帮助，同时这种方式也能够避免我们从零开始训练模型，可以让我们更高效地构建一个图像模型。因此，基于预训练图像模型的方法能够更轻松地开发各种计算机视觉系统。

我们希望利用计算机视觉技术和预训练图像模型的相关技术对爬取、清洗并整理好的图像数据进行分析处理，然后我们进一步训练和微调图像模型，最终得到针对宠物图像数据的肥胖度检测模型。同时，我们还希望基于微信小程序开发的前端技术和基于 Python 的后端技术编写一个能让用户方便使用的交互界面，方便用户轻松地通过拍照就能对家里的宠物进行肥胖度在线检测。

在这个项目中，我们希望从宠物狗入手解决这个问题。系统根据用户拍摄的宠物狗照片，利用计算机视觉等技术，判断宠物狗的种类及计算宠物狗体重指数，并智能输出初诊建议，如偏瘦、正常或偏胖等（图 9.3.1）。

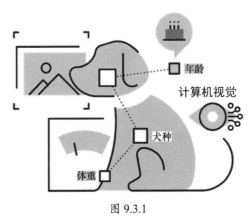

图 9.3.1

3．项目面临的挑战

在实际应用中，我们在拍摄宠物狗时会受到环境、犬种、年龄段等因素的影响，以及同一犬种的不同个体、不同拍摄环境及不同的拍摄角度等诸多因素的影响（图 9.3.2），这就需要我们做不同的处理。因此，本项目可能遇到的挑战包括：

图 9.3.2

（1）犬种位置识别。

（2）犬种年龄段判断（如幼犬、成年犬、老龄犬）。

（3）系统在无监督学习条件下的体重指数计算。

（4）为了有更好的用户体验，我们还需考虑其他突发情况，比如，用户上传的照片并非是宠物狗的，而是玩具狗的照片。

9.3.2　理论支撑：表征学习、人脸识别原理和 ArcFace 损失函数

在完成本项目之前，我们需要熟悉几个重要的知识点：表征学习、人脸识别原理和 ArcFace 损失函数。

1. 表征学习

在机器学习领域，表征学习（也称特征学习）是学习一个特征的技术的集合：将原始数据转换成能够被机器学习有效开发的一种形式。它避免了手动提取特征的麻烦，允许机器学习在使用特征的同时，也学习如何提取特征。在表征学习算法出现之前，机器学习领域的研究人员需要利用手动特征工程（Manual Feature Learning）等技术从原始数据的领域知识（Domain Knowledge）建立特征，然后再部署相关的机器学习算法。虽然手动特征工程对于应用机器学习很有效，但它同时也是困难、昂贵和耗时的，并需要研究人员具备强大的专业知识。而表征学习弥补了这一点，它使得机器不仅能学习到数据的特征，并能利用这些特征完成一个具体的任务。

和预测性学习（Predictive Learning）不同，表征学习的目标不是通过学习原始数据预测某个观察结果，而是学习数据的底层结构（Underlying Structure），从而分析出原始数据的其他特性。表征学习允许计算机在学习使用特征的同时，也学习如何提取特征。在机器学习任务中，如果输入如图片、视频、语言文字和声音等数据，由于这些任务都是高维且冗余复杂的，传统的手动提取特征已变得不切实际，所以我们需要借助优秀的表征学习技术。

类似于机器学习，表征学习/特征学习可以分为两类：监督式特征学习（Supervised Representation Learning）和无监督式特征学习（Unsupervised Representation Learning）。在监督式特征学习中，标记过的数据被当作特征来学习，例如神经网络、多层感知器（Multi-Layer Perception）和监督字典学习（Supervised Dictionary Learning）。在无监督式特征学习中，未被标记过的数据被当作特征来学习，例如无监督字典学习（Unsupervised Dictionary Learning）、主成分分析（Principal Component Analysis）、独立成分分析（Independent Component Analysis）、自动编码、矩阵分解（Matrix Factorization）、各种聚类分析（Clustering）及其变形。

2. 人脸识别原理和 ArcFace 损失函数

目前，最新的图像表征学习通常是通过深度学习技术实现的。在计算机视觉技术的相关应用中，一个图像表征学习的常用领域是人脸识别任务。人脸识别任务通常是指，我们在一个拥有较多 ID 的数据集上以 ID 为类训练一个人脸分类任务，然后我们将网络最后一个分类层去掉，留下前面的编码部分。当我们需要比较两张人脸是否属于一类时，我们分别对这两张人脸使用编码并得到一个向量表征，通过对比两个向量表征的相似程度即可判断两张人脸是否为同一个人。目前，业界有许多关于如何更好地提取人脸表征的研究，其中大部分研究聚焦于如何优化分类问题在训练过程中的损失函数，而我们这个项目使用的一个关键技术就是在 2019 年研究者提出的新的人脸识别损失函数 ArcFace，其公式如下：

$$L_3 = -\frac{1}{N}\sum_{i=1}^{N}\log\frac{e^{s(\cos(\theta_{y_i}+m))}}{e^{s(\cos(\theta_{y_i}+m))}+\sum_{j=1,j\neq y_i}^{n}e^{s\cos\theta_j}}$$

该损失函数训练得到的网络效果会明显好于普通的 Softmax 损失函数训练得到的结果。

在我们的项目中，首先，我们通过胖狗和瘦狗的图片训练一个二分类网络，如图 9.3.3 所示。

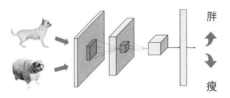

图 9.3.3

然后，和人脸识别任务的原理一样，我们将二分类网络的最后一个分类层去掉，得到能学习到宠物狗图片的表征向量的编码。当我们将宠物狗图片输入编码网络后，就得到了宠物狗的表征向量，如图 9.3.4 所示。

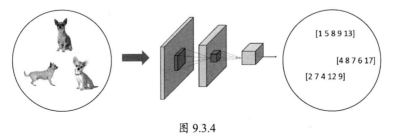

图 9.3.4

最后，我们对这些表征向量根据胖狗、瘦狗图片的相似度进行排序，即可对宠物狗的胖瘦情况进行排序。

9.3.3　任务分解：从数据收集到肥胖度检测

任务一：数据的收集和清洗

（1）收集图像数据。基于 PyQuery、Requests 等 Python 爬虫库，我们可以从全球最大的宠物收养网站 Petfinder 上爬取和收集宠物狗图像数据，网站提供了宠物狗的照片、年龄（幼犬或成年犬）和犬种信息。

考虑到图像数据的质量在很大程度上决定了模型的质量，我们需要对爬取和收集的图像数据进行预处理。首先，我们使用基于开源数据集 Stanford-Dogs 训练得到的目标检测器，将所有照片中有宠物狗的部分裁剪下来，将其余部分全部丢弃；然后，我们爬取和手动收集 1000 张较胖狗照片和 1000 张较瘦狗照片，构建方式是通过 Google 图片和百度图片搜索"胖狗"和"瘦狗"，再通过肉眼筛选出极端胖狗（绝对胖狗）和极端瘦狗（绝对瘦狗）来实现。我们将该数据集称为"胖瘦狗"数据集。

（2）数据预处理，即对采集到的数据进行清洗和处理。其中，Stanford-Dogs 开源数据集的数据是较为"干净"的，几乎不需要处理。在 Petfinder 网站上收集的数据会存在较多问题，问题包括但不限于犬种名称不统一、犬种名称出现乱码、照片中没有宠物狗等。为解决这些问题，我们使用基于 Stanford-Dogs 预训练得到的分类器结合字符串匹配算法进行犬种名称的校准与合拼，最终可以得到一个较高质量的宠物狗图像数据集，数据集中包含宠物狗的图片、犬种和年龄等信息。

任务二：图像分析模型的训练和微调

（1）目标检测模型训练：使用 Stanford-Dogs 开源数据集训练目标检测网络，并将 ImageNet 数据集分类任务中预训练过的网络作为初始参数。

（2）年龄分类模型训练：使用处理过的 Petfinder 数据集训练年龄二分类网

络，并将 ImageNet 数据集分类任务中预训练过的网络作为初始参数。

（3）品种分类模型训练：使用处理过的 Petfinder 数据集训练品种分类网络，并将 ImageNet 数据集分类任务中预训练过的网络作为初始参数。

（4）肥胖度检测模型训练：（a）使用"胖瘦狗"数据集训练一个二分类网络[1]，训练完毕后，将该网络的最后一个分类层去掉，该网络输出则变为一个能标示其肥胖度信息的肥胖度向量（这一步借鉴人脸识别任务的思想）。（b）该网络训练完毕后，将一组"绝对胖狗"的照片（10 张以下）输入网络，并分别计算它们的肥胖度向量。（c）将所有宠物狗照片输入该网络，并得到它们的肥胖度向量，然后这些肥胖度向量再分别和"绝对胖狗"的肥胖度向量比较，计算出余弦相似度，数值保存待用。

图 9.3.5

任务三：后端通信与深度学习模型的交互和部署

（1）创建 API。在此我们使用 Python 的 Flask 库构建后端服务。

（2）测试 API，确保模型响应 API 的正确预测。我们使用微信小程序向后端服务器发送请求并查看返回结果的准确性。

任务四：模型生成结果界面展示

对于前端的实现，我们使用微信小程序，原因是微信小程序开发简易、使用方便，并具有易于传播的特点，界面如图 9.3.5 所示。

---

1. 该网络分类层需使用 ArcFace 函数，使用该函数训练分类网络得到的类间距能够显著大于基于传统 Softmax 函数训练得到的类间距，具体信息见论文 *ArcFace*: *Additive Angular Margin Loss for Deep Face Recognition*。

9.3.4 团队协作与时间安排

1. 团队成员构成

为能顺利圆满完成该项目，团队中的成员应具备如下能力：

（1）能进行简单的微信小程序前端开发。

（2）能进行简单的基于一种语言的后端开发，如使用 Python 的 Flask 库等。

（3）能使用基于一种语言的深度学习框架构建神经网络，如使用 Python 的 PyTorch 库等。

（4）了解目标检测、图片分类和人脸识别这三项计算机视觉任务，以及如何使用深度学习技术完成任务的各个流程。

（5）能基于一种语言对数据进行清洗和预处理，如使用 Python 的 Pandas 库等。

（6）能构建基于一种语言的网络爬虫，如使用 Python 的 Selenium 和 BeautifulSoup 库等。

因此，团队人员的构成中应包括：擅长采集数据的成员 1 名；擅长利用 PyTorch 或其他深度学习框架来搭建算法的成员 2 名；擅长前端开发（微信小程序）的成员 1 名；擅长利用 Python 做后端开发的成员 1 名；擅长 UI 设计和展示设计的设计师 1 名。以上成员也可以一人分配多项工作。

2. 具体实施

项目按如下几个阶段依次进行：

1）和甲方沟通阶段

在这一阶段，我们和甲方工作人员进行了沟通，了解他们的需求。在沟通过程中，我们发现甲方对自己的需求缺乏一个清晰的认识，并且甲方也对现有技术的局限性缺乏一定的了解。所以在沟通的过程中，我们不仅需要引导甲方明确其需求，也需要向甲方介绍和反馈现有技术的局限性。最终甲方将需求指向了一个合理的目标——对不同品种的宠物狗进行肥胖度检测，肥胖度检测的结果是一个三分类结果，由"偏胖""适中""偏瘦"组成。

2）讨论分工阶段

在和甲方沟通完需求后，我们对问题进行了分解。甲方的需求是开发一个微信小程序，用户可以通过上传照片或者拍照，直接在微信小程序中获取宠物狗的肥胖度检测结果。

我们把这个过程进行了如下分解：

前端界面展示；用户与前端微信小程序交互；图片上传到后端；后端对图片进行预处理；数据输入深度学习模型；深度学习模型输出结果；后端对结果进行后处理；最终处理结果返回到前端界面。

通过深度学习模型的计算得到宠物狗肥胖度的具体过程如下：

检测宠物狗位置；获取宠物狗品种；获取宠物狗年龄段；获取宠物狗肥胖特征向量；根据品种、年龄和肥胖特征向量计算肥胖度。

根据这个过程，我们同步进行以下几项工作：

（1）一名成员负责前端开发，同时一名设计师负责 UI 设计，两人配合进行前端微信小程序的迭代工作。

（2）一名成员通过开源数据集研究宠物狗的目标检测和品种分类模型。

（3）一名成员寻找合适的数据源并爬取数据，数据用来训练年龄分类模型和肥胖度检测模型。

（4）一名成员调研相关论文，研究肥胖度检测模型和年龄分类模型应该如何做。

（5）一名成员搭建基于 Python 的后端框架，并编写预处理和后处理步骤的代码。

3）数据采集和清理阶段

负责这个阶段任务的成员通过 Petfinder 网站获取相关数据，并进行数据清洗。具体步骤见 9.3.3 节任务一。

4）UI 设计和前端开发阶段

设计师完成与 UI 设计相关的工作，同时他需要不断地和负责前端开发的成员沟通和优化界面。负责前端开发的成员要向设计师反映哪些功能能够实现、哪些功能无法实现，并且要将设计思路体现在实际的微信小程序应用上，在设计师试用后，他还需进行调整和美化。这两位成员的沟通和合作对项目的顺利实施是非常重要的。

5）模型训练和调试阶段

目标检测、品种分类和年龄分类（我们处理成了二分类问题，即成年犬和未成年犬）的模型训练等同于计算机视觉任务中的检测和分类训练的过程。对于肥胖度特征向量提取的模型，在做了多次调研后我们决定借鉴人脸识别任务的思路。需要注意的是，此处由于我们需要训练多个模型，以便分别得到模型结果并进行整合，有些模型的输出结果还要作为另一些模型的输入结果，所以负责训练不同模型的成员间一定要加强沟通，确保整个项目代码的统一性、完整性和高效性。

6）后端开发阶段

对于后端开发，我们使用 Python 中的 Flask 库来实现。负责后端开发的成员相当于整个项目的"黏合剂"，他将各个方向输入输出的结果进行整合，并整理所有成员编写的代码，因此撰写文档的工作是由负责后端开发的成员完成的。在项目的后期阶段，所有成员的工作基本上是围绕负责后端开发的成员展开的，他们按照后端开发成员的要求调整代码，以及提供必要的代码信息。

7）最终产品整合阶段

在产品的所有部分开发完成，以及前后端整合完成后，我们还需要在网络中反复实验，以保证产品的正常运行。

最终，产品的使用步骤如下：

（1）微信扫码打开小程序。

（2）点击程序中拍照按钮，按照提示角度给宠物狗拍照（或上传对应角度照片）。

（3）上传照片，生成检测结果（品种+年龄+肥胖度情况+喂养建议）。

9.4　商品文案生成——基于检索和生成的智能文案系统

9.4.1　智能内容生成

文案本身有着重要的商业价值，目前电商在各个场景中的宣传文案主要是由文案达人撰写的，但是人工撰写文案存在覆盖商品品种少、成本高及时效性差等问题。

从技术可行性的角度考虑，深度学习在图像、语音、NLP、信息检索等领域都取得了突破性进展，因此，文案撰写可以考虑让机器辅助或者直接交给机器完成。

智能内容生成归属文本生成任务，指的是我们通过模型的训练，能够让机器智能生成商品描述、商品推荐理由和多商品清单这类文本内容。智能内容生成除批量化生成内容和低成本实现外，还有以下明显的优势：

（1）对商品的理解。在获得大量静态和行为数据的基础上，该任务可以全面、精准和即时的感知商品信息和流行趋势变化，真正做到通过数据来生成内容。

（2）个性化内容生成。通过对用户的理解，机器可以"知道"商品的哪些卖点能吸引用户，并做到个性化的内容生成。

（3）不同场景的内容可以做到多样化。在不同场景下，我们可以灵活地定制多样化的内容。

尽管深度学习技术推动了智能内容生成的发展，但智能内容生成也存在一定的瓶颈——没有脱离机器从海量数据中进行统计学习的思路，同时，机器也无法从小样本中学习，并且学习的空间其实是真实世界里的一个相对非常小的子集。而且，机器更无法像文案达人一样做到对内容的"旁征博引"。

在该项目中，我们将利用 NLP 和搜索推荐相关技术，对已有的商品文案数据进行分析处理，并将这个项目分成两个场景：

（1）用检索的方式辅助人类完成文案创作。

（2）利用自然语言生成的技术完成文案的自动化创作，同时我们基于 Web 开发技术实现交互界面，为使用者提供便利。

9.4.2 理论支撑：Word2Vec 词嵌入、预训练语言模型 BERT 和 Seq2Seq 文本生成

要完成这个项目，团队成员需要掌握一定的 AI 算法基础知识和工程实践能力，具体包括：基本的统计学与线性代数基础知识；基础 NLP 技术（搜索推荐、文本生成）；使用 Python 语言在 TensorFlow 或 PyTorch 平台上进行开发；了解 Vue.js，能够用 JavaScript 语言进行前端开发。

本节，我们详细介绍在该项目中需要掌握的三个比较重要的知识点：Word2Vec 词嵌入、预训练语言模型 BERT 和 Seq2Seq 文本生成。

1. Word2Vec 词嵌入

词嵌入是通过嵌入一个线性的投影矩阵（Projection Matrix），将原始的 one-hot（独热）向量映射为一个稠密的连续向量，并通过一个语言模型的任务去学习这个向量的权重。Word2Vec 作为自编码这类模型的代表，不需要大量的人工标记样本就可以得到质量还不错的嵌入向量。在得到相应的词向量表示之后，我们就可以将其应用于相似度计算、句子表示等任务中，或者将其作为下游 NLP 模型的输入。

对于要被机器学习模型处理的单词，它们需要以某种形式的向量来表示。Word2Vec（Word to Vector）的思想就是我们可以用一个向量来表征单词的语义、词间的联系及语法联系。Word2Vec 受到之前 NNLM（Neural Network Language Model，神经网络语言模型）的启发和影响，通过对语言模型建模来获取文本的表征，但省掉了 NNLM 中非线性的隐含层。Word2Vec 内部有两种训练模式：CBOW（Continuous Bag-Of-Word）和 Skip-Gram（图 9.4.1），一个用上下文来预测当前词，一个用当前词来预测上下文。

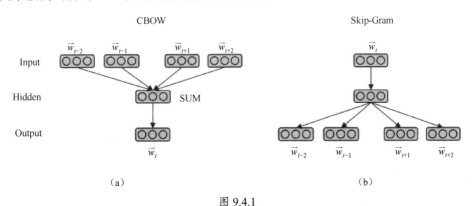

图 9.4.1

2. 预训练语言模型 BERT

BERT 模型是一种基于 Transformer 架构的预训练语言表示方法，这意味着我们首先可以在大型文本语料库（如维基百科）上训练通用的"语言理解"模型，然后将该模型用于我们关心的下游 NLP 任务（如问答）中。BERT 模型优于以前的方法，因为它是第一个用于预训练 NLP 的无监督深度双向系统。BERT 模型联合遮蔽语言模型（Masked Language Model，MLM）和下一句预测（Next Sentence Prediction）两个任务预训练文本的表征。

任务一：MLM

为了训练深度双向表征，BERT 模型采取了一个直接的方法，随机遮蔽输入 Token（标记）的某些部分，然后预测被遮住的 Token。该步骤在文献中通常被称为完形填空任务。在这种情况下，对应遮蔽的 Token 的最终隐藏向量会输入 Softmax 函数中，并如标准的语言模型那样预测所有词汇的概率。在实验中，随机遮住每个序列 15%的 Token，与去噪自编码器相反，仅预测遮蔽单词而非重建整个输入。

任务二：下一句预测

很多重要的下游任务（如问答和自然语言推断）都是基于对两个文本句子之间关系的理解。因此，BERT 模型在其预训练的任务中能够判断输入的两个句子之间是否有逻辑关系，以便加强模型对文本的表示建模。

BERT 模型最主要的几个特征：

（1）为了利用双向信息，将普通语言模型改进为完形填空式的 MLM。

（2）利用下一句预测任务学习句子级别的信息。

（3）进一步完善和扩展了 GPT 模型中设计的通用框架，BERT 模型能够支持多项任务：句子对分类任务、单句子分类任务、阅读理解任务和序列标注任务。

3. Seq2Seq 文本生成

Seq2Seq 是 2014 年由 Google Brain 团队提出来的，它是指把一种语言序列翻译成另外一种语言序列，主要应用于机器翻译领域。最常见的架构为编码器–解码器，编码器将输入文本进行编码得到表示其含义的稠密向量，然后再通过解码器解码成输出结果。在我们的项目中，我们使用 Tranformer 架构作为编码器将商品关键词进行编码，再用同为 Tranformer 架构的解码器将其"翻译"成对应的商品文案。

9.4.3　任务分解："寻章摘句"和"文不加点"

任务一：寻章摘句——相似文案的检索与召回

文案达人在为商品撰写推荐语时，通过素材库可以获得与商品有关的静态和动态信息，比如品牌 Slogan、品牌故事、用户关心的问题、评价热点、详情页关键信息等。通过"寻章摘句"这项任务，他们可以快速建立对商品的多维度理解。

该任务主要由以下三个部分组成：

（1）数据的获取和索引的建立。"巧妇难为无米之炊"，而数据就是我们构建整个系统的"米"。项目中的部分数据来自阿里云天池平台，这是我们训练模型的基础数据，数据中的字段包含由商品关键词组成的商品标题和商品描述文案。

接下来的任务就是建立索引，中文检索最大的困难是分词，新增词库需要重建索引。由于我们要对数据里的商品标题建立索引，而语料库中的标题是由关键词组成的，因此，我们直接使用 Elasticsearch 这个分布式全文检索工具对关键词建立索引。Elasticsearch 能近乎实时地存储和检索数据，这种方式很容易扩展到上百台服务器。因此，它能处理 PB（1PB=1024TB）级别的数据，是我们用于构建检索系统的利器。

（2）基于 Word2Vec 的初步排序。在使用 Elasticseach 搭建的检索引擎的基础上，我们可以基于用户的查询获得包含关键词和对应商品文案的候选集合。在这个步骤中，我们会基于 Word2Vec 分别计算出用户的查询词和候选关键词的语义表示，然后计算两者的语义相似度，并将候选集合按照与用户查询词的相似度从高到低依次排序。到这里，我们就得到了对候选的商品文案的初步排序结果。为了减少后续模型的计算复杂度，我们会选取相似度最高的 30～50 条文案，并输入后续的模型中。

（3）基于预训练语言模型 BERT 的最终筛选。为了进一步优化搜索结果的深度语义相关性，在初步筛选和排序之后，我们通过 BERT 模型来优化商品文案的搜索排序相关性。以 BERT 为代表的预训练语言模型具有强大的文本特征提取能力，并具备长距离特征的捕获能力。这为我们计算用户较短的查询词和相对较长的商品文案数据之间的相关性提供了可能。我们通过随机负采样的方式构造训练数据，并将用户查询和商品文案作为输入，再利用 BERT 模型进行精调来优化语义匹配任务。最终我们将得到最相关的文案数据返回，并在前端界面展示给用户，如图 9.4.2 所示。

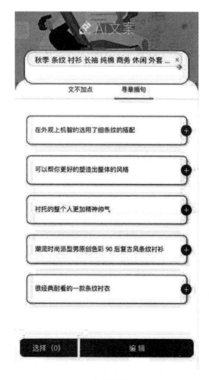

图 9.4.2

任务二：文不加点——多样化文案生成

1）基于知识增强的文案生成

不同于"寻章摘句"任务中从语料数据库中检索和召回的方案，"文不加点"任务是利用 NLP 技术中的自动文本生成的技术来完成的。既然要自动生成文案，那么如何才能保证这些生成的文案不是一大堆颠三倒四、让人摸不着头脑的奇怪符号呢？

因为不同类别的商品都有各自的专业术语，我们不仅仅要生成符合语法规则及表达流畅的简单语句，更要确保内容的准确性。同时，商品文案还要做到个性化，因为同一件商品要推荐给不同的用户群体，我们是不能使用同一套内容文案的。最后，商品文案最好还能根据具体场景可以随意变换文字长度。具体任务分解如下：

（1）准备数据。为了满足以上需求，我们自然也需要将数据准备得更充分一些。基础数据来自阿里云天池的文案数据集，同时在此基础上，又增加了商品特性和用户标签，以此增强我们的数据标注信息。另外，为了增加信息量，我们还可以把与商品词条相关的知识信息融合进来（知识主要来自百度百科）。

（2）搭建模型。在做文本生成任务时，首选工具是 Transformer 模型。在原版 Transformer 模型的基础上，我们将商品特性、用户标签通过嵌入和关键词一起输入编码器中，然后利用双向注意力（Bi-Attention）机制，和另一个编码器把知识信息融合起来，最终交给解码器。

经过紧张的模型训练，系统的初步搭建就完成了，如图 9.4.3 所示。

2）文案的长度控制

为了满足用户在不同场景下对文案长度的不同需求，我们在模型中加入了文案长度的选项。数据集在本质上反映的是用户需求（包括商品关键词、文案长度、文案风格等）的源文本序列和商品文案的目标序列的映射。因此，通过对数据集进行预处理，我们根据每条数据中文案的长度，在源文本序列中加入了一个新的特征维度，并以此进行模型训练。通过这一方式，模型可以学习到不同长度的文案之间的不同特征，进而实现在推断阶段对用户自定义文案长度的控制。通过实验我们发现，这样的长度自学习方式，相比简单地对长文案进行截断，可以实现更加自然流畅的文本生成结果。

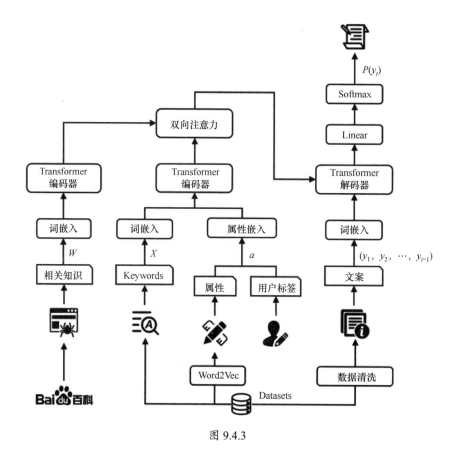

图 9.4.3

3）风格控制

这里的风格控制并不是严格意义上的风格控制，准确地说应该是卖点选择和风格的综合控制，其原因是我们依靠文案达人的用户 ID 来实现风格控制，不同文案达人的商品文案除了风格不同，选取的商品卖点也可能不同。具体做法是，在训练阶段，我们将文章数量超过 100 篇以上的文案达人的 ID 嵌入到 20 维的向量空间中；在预测阶段，我们用 Kmeans 方法聚合出不同簇的 UserID 来代表不同风格。

9.4.4　团队协作与时间安排

团队由 10 名成员构成，其中，算法工程师 3～4 名，负责语料的清洗与预处理，以及模型算法的探索、设计与实现；前端工程师和后端工程师各一名，负责产品前后端的功能实现；设计师一名，负责前端界面和交互逻辑的设计；产品经理一名，负责产品设计和项目管理。

1. 第一周：数据处理与产品初探

第一周，团队成员对项目做整体规划，并调研和储备相关理论知识，查找和项目相关的论文和比赛方案，这些准备会在设计整体系统时为团队提供思路，可以大大增加项目成功的可能性。同时，团队成员进行组内头脑风暴，对一些想法进行可行性分析和初步实现。在实现方面，考虑基于 Elasticsearch 的文案搜索实现，所做工作包括对数据进行预处理、将语料中的商品标题按关键词切分，并在 Elasticsearch 中建立索引，初步实现语料存储和字面检索功能。

2. 第二周：细化目标

团队确定了项目基于检索和基于生成的两个功能需求。算法工程师分为两组，分别有针对性地对两个功能需求进行开发。与此同时，设计师和前端工程师相互配合对前端界面进行设计和开发。具体工作如下：

（1）设计基于语义的匹配模型，同时增强在第一周已初步实现的字面检索系统，并分析匹配模型实现的可行性。

（2）设计基础的实现端到端文案生成的模型，对相关论文中的模型进行复现，并适配到该项目中。

（3）开始前端（Web 页面设计+微信小程序）和 API 的设计。这个阶段需要产品经理、设计师和前端工程师紧密合作，对项目进行原型设计。

3. 第三周：核心开发

在完成算法设计之后，第三周需要集中全力攻克及优化问题。为了提升系统最终的展示效果，我们需要对模型算法进一步调优，同时前后端的交互逻辑也会进一步优化。具体工作如下：

（1）对文案匹配模块的内容准确度和返回时间进行优化，减少系统响应时间并提高返回内容的精准度。

（2）在已实现的生成式方法的基础上，减少文案生成的重复性问题，以及合理控制文案长度。

（3）团队继续进行前后端开发，实现文案素材库的功能和前后端异步交互。

4. 第四周：最后的准备

经过前三周的项目准备，模型的设计、实现及系统的优化已经完成。为了让产品在最终能够顺利展示，不断地测试和修复隐藏的 bug 是必不可少的环节。

（1）完成文案生成模型的风格和卖点控制。

（2）完成各模型交互和整合，完成 Web 页面设计和接口。

在时间充足的情况下，团队还对系统增加了几个更有趣的功能。

5. 来自设计师的寄语

UI 设计也是产品设计的一部分，一个好的产品界面能让用户在使用产品的过程中，因产品的色彩、排版、图形的美观而被深深吸引，并引导用户关注产品的主要信息，最终能够让用户产生更多的愉悦感。因此我们的设计目标是：界面美观、简洁，易于浏览，实用易懂，最终的界面要为产品赋予强大的视觉表现力。

根据近几年的产品设计趋势，扁平化、极简化、插画风格占据各大平台视觉风格的半壁江山。极简主义现在被越来越多的领域所接纳，因为它简约且富有意义，能更高效地传达信息，同时插画能让用户视觉和产品内容保持新鲜感，它正以一种独特的视觉风格给用户留下深刻的印象。

橙色本身具有中性化的魅力，在各种商业设计中，橙色也被大量运用于各类产品中，特别是餐饮和电商领域，同时，橙色也是活力的代表。所以，根据本项目产品的特点，我们以橙色作为界面主色调，旨在通过主色的大量运用，让用户建立起对产品特点的认知，并逐步形成品牌独有的颜色风格。另外，整体界面风格以极简的形式展现，我们配以形象的插画来增添界面的趣味性。除了橙色，我们还选择了强烈、厚重的黑色和沉稳、冷静的蓝色与之搭配，从而实现界面颜色的平衡和协调。

为了让界面简洁、实用、易懂而又不失美观，界面首页主要展示产品 logo、搜索框、插画三部分（图 9.4.4）。整个界面只有一个需要用户操作的按钮，因此功能清晰明了。界面中的插画是一个抱着一支笔的人，直观地传递了"AI 文案达人"的项目主题。

搜索界面由顶部的搜索框、中间的生成文案界面以及底部的按钮组成，这个风格沿用并贯彻了极简、清晰的设计手法。文案生成有两大主要功能："寻章摘句"和"文不加点"。点击任意一项功能，该功能的标题会由黑灰色变为橙色，界面底部会出现一条横线，表示产品正处于该功能界面。

"寻章摘句"功能界面以词条的形式展现，每个词条右侧都会显示一个"+"的符号，用户可根据自己的需求增删文案，类似于商品加入购物车的功能，如图 9.4.5 所示。"文不加点"功能界面以卡片的形式呈现，每张卡片都是独立存在的小个体，在有限的矩形空间中建立了无限的可能性，而且这种形式能让信息更为直观地展示出来；每一张卡片的上半部分是商品的一段描述性文案，下半部分是为该段文案打分的界面，打分的功能可以记录文案的受欢迎程度，如图 9.4.6 所示。

编辑界面由简单的编辑框及按钮组成，如图 9.4.7 所示，用户在编辑完文案后可进行文案预览，功能直接明确。文案编辑结束后，页面转入完成页面，完成页面是以卡券的形式设计的，如图 9.4.8 所示，卡券的"易撕线"以上部分是最终的文案预览，"易撕线"以下则是 3 个功能按钮（首页、复制、分享）。以卡券的形式展示文案预览，向用户传达出了可以通过我们的产品选择喜欢的文案，最终可将文案"撕掉带走"，据为己有。

当用户操作错误或者网络不稳定时，页面会出现相应的提示界面，即状态页，状态页分为操作错误、网络错误、出现 bug 三种页面，如图 9.4.9（a）（b）（c）所示。状态页中的插图是从首页的插画中提取出来的元素，并能反应当下的状态，同时和首页的插画风格呼应，这样的设计细节能够让产品在视觉上更具有整体性。

本章参考文献

[1] Changqian Yu, Jingbo Wang, Chao Peng, et al.BiSeNet: Bilateral Segmentation Network for Real-time Semantic Segmentation. arXiv:1808.00897.2018.

[2] Kaiming He, Georgia Gkioxari, Piotr Dollár, et al. Mask R-CNN. arXiv: 703.06870.2018.

图 9.4.4

图 9.4.5

图 9.4.6

图 9.4.7

图 9.4.8

无内容可生成，请输入关键词

返回

网络好像逃跑了~

刷新

哎呀~要修复一点小bug

主自然大锤包，我ら立奇动一下

(a)   (b)   (c)

图 9.4.9

第 6 章部分彩色效果图

图 6.3.7

图 6.3.8

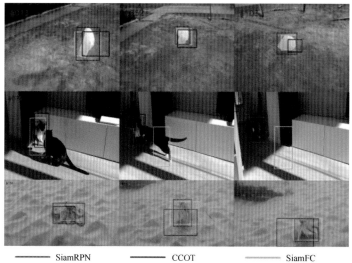

—— SiamRPN —— CCOT —— SiamFC

图 6.3.12

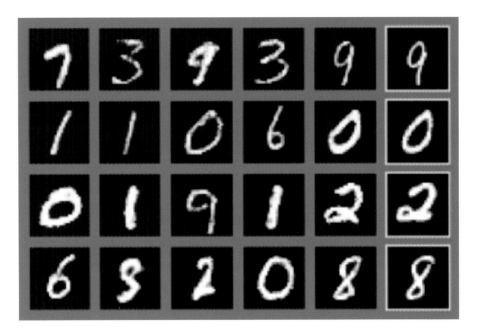

(a)

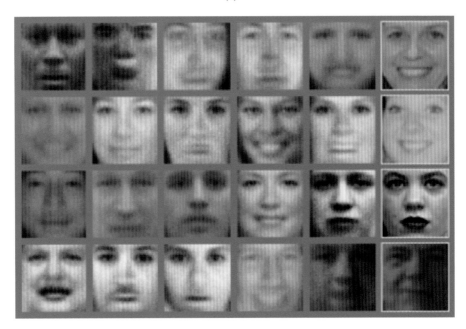

(b)

图 6.3.15

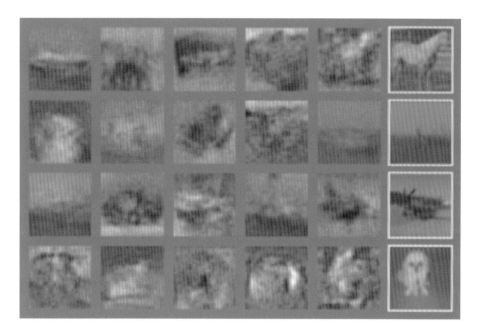

(c)

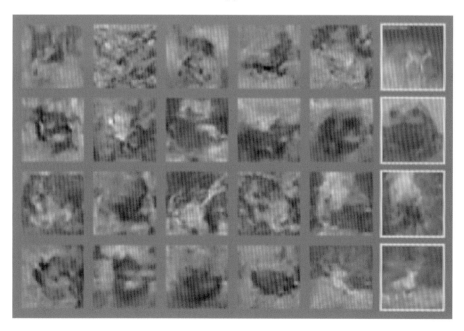

(d)

图 6.3.15（续）

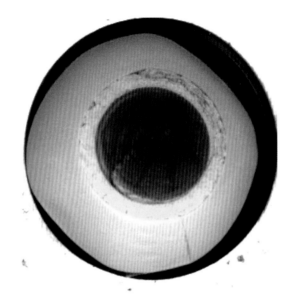

图 6.4.6

1：底部异物 2：底部破损 3：蛋筒破损

4：缺少蛋筒 5：没有物体 6：底部空洞

7：所有边缘破损 8：边缘部分破损 9：双蛋筒

图 6.4.7

致 谢

● 感谢所有在本书出版过程中给予过帮助的朋友们

（以下名单按姓氏拼音排序）：

贲圣兰　程正涛　冯　霁　郭敬明　黄蕙雯　李雪莹　林其玲
刘凝音　马庆璇　孟祥傲　仇　真　任　莉　宋剑飞　童　超
王俊潮　王立新　王宇龙　武超华　岳铁铸　张晓璐　赵婉珺

- -

● 感谢为本书带来详实案例的DeeCamp训练营团队成员：

《方仔照相馆》：
刘毅然　徐　豪　张　然　李向阳　夏明桢　周谷越（指导老师）

《AI科幻世界》：
李泽康　唐相儒　费政聪　徐晓豪　郑　荟

《宠物健康识别》：
高浩元　马航航　孙海翔　王铂钧　张钊宁　陈敬恒　黄城恩　张云天（设计师）

《商品文案生成》：
时靖博　霍腾飞　周　涵　鲁金铭　冷莹　　肃　棣　王东升　卜良霄　伍　谷
都檬阁　聂麟骁　唐　楷　姚若平　刘梦婷（设计师）　贾善景（设计师）